E. Hornbogen · R. Bode · P. Donner (Hrsg.)

Recycling
Materialwissenschaftliche Aspekte

Mit 47 Abbildungen

Springer-Verlag

Berlin Heidelberg New York
London Paris Tokyo
Hong Kong Barcelona Budapest

Prof. Dr.-Ing. Erhard Hornbogen
Dipl.-Ing. Ralf Bode
Dr.-Ing Petra Donner

Fakultät für Maschinenbau
Lehrstuhl für Werkstoffwissenschaft
Ruhr-Universität Bochum
Universitätsstraße 150
W - 4630 Bochum 1

ISBN 3-540-56408-X Springer-Verlag Berlin Heidelberg New York

Satz: Reproduktionsfertige Vorlage der Autoren
Druck: Color-Druck Dorfi GmbH, Berlin; Bindearbeiten: Lüderitz & Bauer, Berlin
60/3020 - 5 4 3 2 1 0 - Gedruckt auf säurefreiem Papier

Vorwort

Das Thema dieser kleinen Schrift stand im Mittelpunkt des Studentenseminars der Vertiefungsrichtung Werkstofftechnik des Bochumer Maschinenbaus im Sommersemester 1992. Das Konzept dazu stammt vom Lehrstuhl Werkstoffwissenschaft, dessen Mitarbeiter auch die einzelnen studentischen Seminarteilnehmer betreuten. Dem größeren Teil der Abschnitte liegen deren schriftliche Ausarbeitungen zugrunde. Einige Beiträge wurden allein von wissenschaftlichen Mitarbeitern des Lehrstuhles erarbeitet.

Unser Thema wird gegenwärtig viel erörtert, befindet sich aber noch in einem frühen Stadium der wissenschaftlichen Durchdringung. Deshalb kann auch kein ausgereiftes Werk erwartet werden. Es soll aber dazu dienen, junge Ingenieure, insbesondere Materialwissenschaftler, zu ermutigen, sich mit Werkstoffkreisläufen zu beschäftigen. Das Ziel ist, mehr Rohstoffe und Energie zurückzugewinnen und gleichzeitig das Wachstum und den Umfang von Deponien und die ungünstigen Veränderungen der Erdatmosphäre zu verringern.

Die Materialwissenschaft hat sich in den vergangenen Jahren vorwiegend der Entwicklung von Werkstoffen mit verbesserten oder ganz neuen Gebrauchseigenschaften gewidmet. Zunehmend erfolgt heute die Beurteilung dieser Eigenschaften im Rahmen des gesamten Kreislaufs von der Herstellung bis zum Ende des Gebrauchs im technischen Produkt oder als Verpackung. Die Materialwissenschaft kann hierzu die Grundlagen für einen kritischen Vergleich aller Werkstoffgruppen sowie für die Entwicklung recyclingfreundlicher Fertigungs- und Konstruktionsmethoden liefern. Auch sollten neue Werkstoffe entwickelt werden, die den Kreislauf geringstmöglich belasten. Stähle und Leichtmetalle erfüllen heute schon diese Forderung recht gut. Biologisch auf- und abbaubare Stoffe stehen erst am Anfang ihrer Entwicklung.

All diese Gesichtspunkte werden in diesem Band kurz erörtert. Es hat seinen Zweck erfüllt, wenn es den Eindruck vermittelt, daß hier eine Fülle reizvoller Aufgaben auf die Bearbeitung durch kenntnisreiche und engagierte Naturwissenschaftler und Ingenieure wartet.

Diese Aufgaben sind sicherlich nicht weniger bedeutsam als die heute sehr häufig erörterten wirtschaftlichen, rechtlichen und politischen Aspekte des Recycling.

Eine Bemerkung zum Gebrauch des englischen Wortes "Recycling" im Titel. Rückgewinnung und Wiederaufbereitung sind mehrsilbiger und deshalb etwas umständlich im Gebrauch. "Recycling" suggeriert außerdem stärker das Denken in Kreisläufen. Darüber hinaus hat es sich dem allgemeinen Bewußtsein stark eingeprägt. Wir hoffen deshalb, daß die Hüter der deutschen Sprache uns diese Wortwahl nicht allzu sehr verübeln.

Herausgeber und alle Autoren bedanken sich bei Frau Gerlinde Bürger und Frau Melanie Stratmann für ihr Engagement bei der Herstellung des druckfertigen Manuskripts.

Dem VDI-Verlag sei an dieser Stelle für die freundliche Genehmigung zur Wiedergabe einiger Abbildungen gedankt.

Bochum, im Oktober 1992   E. Hornbogen

Inhalt

An erster Stelle bei den Autorenangaben sind die Studentin und Studenten genannt, die die Vorträge für das Seminar ausgearbeitet und gehalten haben. Dahinter stehen die Namen der wissenschaftlichen Mitarbeiter, die die Betreuung der Studenten versehen haben und an der schriftlichen Ausarbeitung beteiligt waren. Die von *einzelnen* Autoren verfaßten Beiträge stammen von den Herausgebern und wurden zur Abrundung des Themas eingefügt.

Die Kontaktadresse für alle Autoren lautet: Ruhr-Universität Bochum
                                                  Institut für Werkstoffe
                                                  Lehrstuhl Werkstoffwissenschaft
                                                  Universitätsstraße 150

                                                  W-4630 Bochum 1

1 Postmoderne Werkstofftechnik?

Erhard Hornbogen

Auf Straßen und Plätzen ist die "Postmoderne" nicht zu übersehen. Seit einem Dutzend Jahren werden überall Giebel, Bögen und luftige Kuppeln aus Glas, Metall und Marmor gebaut. Omas Erker feiert tausendfache Auferstehung.
Neues ist auch aus Kunst und Wissenschaft zu melden. Es darf wieder gegenständlich gemalt werden, wenn auch chaosnah. In Geometrie und Physik hat das deterministische Chaos Einzug gehalten. Dieses deutet auf einen grundsätzlichen Wandel unseres Denkens hin, das bei vielen noch durch euklidische Geometrie und durch newtonsche Mechanik oder Quantenmechanik geprägt ist. Kennzeichnend für das moderne Denken waren durch ganzzahlige Dimensionen beschreibbare Räume und periodisch wiederholbare und damit vorhersagbare Vorgänge wie die Planetenbewegung. Daraus folgend hatte Karl Marx beansprucht, mit Hilfe seiner noch vor wenigen Jahren von vielen als "modern" angesehenen Theorie auch den Ablauf sozialer und historischer Entwicklungen vorhersagen zu können. Die fehlende Vorhersagbarkeit dieser und auch sehr vieler anderer Vorgänge in Politik, Wirtschaft und besonders auch in der Natur ist aber gerade in den letzten Jahren vielfältig deutlich geworden. Unbestritten ist, daß heute in Denken und Realität eine Wende erfolgt, die kein einziger Mensch vorhergesagt hat. Da es an einem guten Wort dafür mangelt, konnte sich der Begriff "Postmoderne" für diese neue, reizvolle und risikoreiche Zeit einbürgern.
Betrifft das alles auch diejenigen, die sich mit klarem Verstand als Ingenieure, Wissenschaftler, Kaufleute um die Werkstoffe bemühen? Also die Stoffe, ohne die keine technische Idee verwirklicht werden kann, und die den Entwicklungsphasen der Menschheit die Namen gegeben haben?
Wenn wir "postmoderne" Erscheinungen betrachten, so fällt auf, daß es sich um ein schwer festzulegendes Gemisch aus originellen Neuerungen und Rückkehr zu konservativen Konzepten handelt. Kennzeichnend für die Werkstoffe war seit mehr als 100 Jahren der Einzug der Naturwissenschaft in ein Gebiet, das seit Jahrtausenden zunächst durch "schwarze Kunst", dann durch zielstrebig gesammeltes Erfahrungswissen geprägt war. Dann fanden Ergebnisse physikalischer Forschung vielfältigen Eingang in die Werkstofftechnik. Die CVD- und PVD-Verfahren zur Oberflächenbeschichtung oder das Schweißen, Schneiden, Legieren mit Lasern liefern Beispiele dafür. Ein anderes Ziel moderner Werkstofftechnik war zum Beispiel das "alloy design". Der Werkstoff mit einem gewünschten Profil seiner Gebrauchseigenschaften sollte mit Hilfe materialwissenschaftlicher Theorien durch Auswahl von Atomarten und deren

geeigneter Anordnung in Molekülen, Phasen und Gefügen von Grund auf berechenbar gemacht werden. Ein moderner Werkstoffingenieur sollte deshalb sein Wissen über Kristallographie, Gitterversetzungen, Festkörperreaktionen optimiert anwenden und schließlich in einem neuen oder gezielt verbesserten Werkstoff konkretisieren. Dieses Vorgehen war in vielen Fällen erfolgreich ,zum Beispiel in Superlegierungen für Gasturbinenschaufeln, raffinierten Kopolymeren für festere Kunststoffe und insbesondere für die Halbleiter. Diese Denkweise erscheint schlüssig und nützlich. Gibt es trotzdem heute Gründe für ein Nach- oder Umdenken?

Einen Grund liefert die Frage: Was wird aus den gebrauchten Werkstoffen am Ende ihrer Lebenszyklen? In den vergangenen Jahrzehnten haben sie zu nicht zu übersehenden Müllbergen geführt. Dabei bereitete die erfolgreichste Werkstoffgruppe der Nachkriegszeit, die Polymerwerkstoffe und deren Verbunde, die größten Probleme. Dies wiederum regt an zu einer intensiven Betrachtung des Kreislaufes der verschiedenen und eventuell konkurrierenden Werkstoffe.

Alle Kreisläufe beginnen mit dem "Input" von Rohstoff (Atomen), Energie und Information für die Herstellung der Werkstoffe. Besondere Aufmerksamkeit verdient heute aber das Ende nach Versagen oder Verbrauch (Verpackungen). An dieser Stelle gelangt der uralte, aber wenig angesehene Beruf des Schrottsammlers in "wissenschaftsgestützter" Form zu neuen Ehren. Er hilft nämlich, den Kreis zu schließen (Abb. 1.1). Von den 4 Optionen ist die Deponierung die unerfreulichste. Der Kreis ist nicht geschlossen. Rohstoffe und gespeicherte Energie werden nicht wieder genutzt. Dazu kann noch eine Verseuchung des Bodens (Altlast) kommen. Durch Verbrennung gewinnen wir zwar einen Teil der im Werkstoff gespeicherten Energie zurück. Mit dem Verbrennen der Kohlenstoff-Polymere (Kunststoffe) stören wir aber das globale CO_2-Gleichgewicht. Der Wunsch nach stärkerer Geschlossenheit der Kreisläufe führt uns zu den traditionellen metallischen Werkstoffen zurück. Zunächst erweist sich der in den vergangenen Jahren völlig zu Unrecht verachtete Stahl (USA: rust belt) als ein recht umweltfreundlicher Werkstoff - leicht zurückgewinnbar oder ohne toxische Rückstände verrostend. Das "Ende der Eisenzeit" ist deshalb noch lange nicht gekommen. Sein recht hohes Gewicht läßt aber doch für alle Leichtmetalle eine noch günstigere Zukunft erwarten. Leicht sind auch die Polymere und ihre Verbunde. Sie wurden viel gefördert und haben hohe Erwartungen geweckt, bereiten aber größte Schwierigkeiten am Ende des Kreislaufs, insbesondere wenn sie als Verbundwerkstoffe mit anderen Materialien (Glas) faserverstärkt wurden. Als Massenwerkstoffe werden sie sich deshalb wohl nicht weiter durchsetzen und vielleicht wieder durch Leichtmetalle ersetzt werden.

Dies gilt allerdings keinesfalls für die biologisch auf- und abbaubaren Hochpolymere, was ein anspruchsvoller Name für aus Stärke- oder Zellulosemolekülen aufgebaute Werkstoffe ist. Sie könnten uns Werkstoffe bescheren, die mit Hilfe von Sonnenenergie synthetisiert werden. Dadurch erhalten wir für Auf- und Abbau einen völlig geschlossenen CO_2-Kreislauf und damit Werkstoffe, die langfristig unsere Umwelt nicht verändern. Hier kehren wir zu den Ursprüngen der Werkstoffe zurück, dem Holz und den Naturfasern. Die Herstellung von

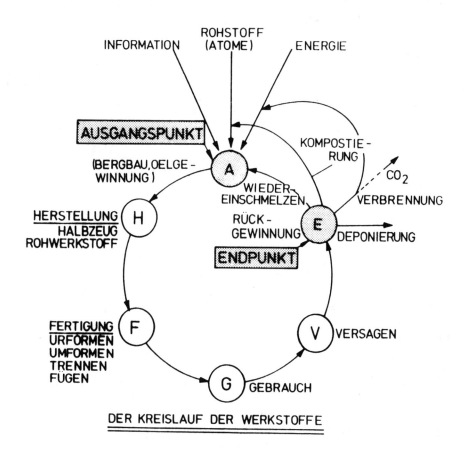

"Hochleistungswerkstoffen" auf dieser Grundlage steht noch ganz am Anfang der Entwicklung. Derartiges könnte aber kennzeichnend für "postmoderne" Werkstofftechnik werden.

DER KREISLAUF DER WERKSTOFFE

Abb. 1.1. Der Kreislauf der Werkstoffe
Vier Optionen bei E:
1. Rückgewinnung (Wiedereinschmelzen)
2. Rückgewinnung in chemisch veränderter Form (Kompostieren)
3. Rückgewinnung der Energie (Verbrennen)
4. Deponierung

Es gibt noch andere wichtige Entwicklungen zu vermelden, die im Grunde dem Gemeinwohl dienen. In moderner Technik wird pro bestimmtem Nutzen immer weniger Werkstoff verbraucht (Abb. 1.2). Durch umfassenden Einsatz des Grundelements "Information" (Abb. 1.1) zur Verbesserung der Werkstoffe werden Energie und insbesondere Rohstoffe (i.e. Atome in Erdkruste und Atmosphäre) gespart:

4

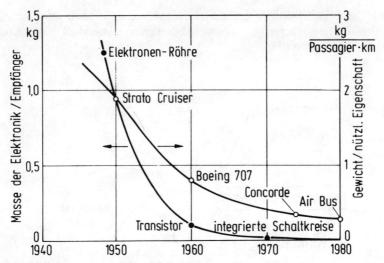

Abb. 1.2 Abnehmende Werkstoffmenge pro technischem Nutzen in der modernen Technik; Beispiele: Werkstoffe im Flugzeugbau, elektronische Werkstoffe eines Radios

Am deutlichsten wird dies durch den Einsatz des neuen Werkstoffs "Halbleiter" für immer raffiniertere Bauelelemente. Diese Tendenz gilt aber für fast alle Werkstoffe und alle Bereiche der Technik. Werkstoffhersteller müssen damit fertigwerden, daß für einen gegebenen Umfang technischer Aufgaben abnehmende Werkstoffmengen verbraucht werden. Dies kann nur ausgleichen, wer durch erfolgreiche industrielle Forschung raffiniertere, zuverlässigere Werkstoffe und daraus gefertigte Produkte zu liefern vermag, die dann etwas teurer sein dürfen.

Schließlich sollen als abschließendes Beispiel postmoderne Vokabeln erwähnt werden, die anthropomorphe Eigenschaften von Werkstoffen erwarten lassen: "smart" oder "intelligent" materials (oder auch: processing systems etc.). Ein ganz einfacher Vertreter ist das uralte Thermobimetall. Es dient als Temperatursensor und Stellglied (Aktuator) in einem bandförmigen Verbundwerkstoff. Diesem Grundprinzip folgen neue Verbundsysteme bei denen meist eine Komponente zu magnetischen, ferroelektrischen oder strukturellen Phasenumwandlungen fähig ist. Diese können durch direkten Stromdurchgang oder äußere Felder eine örtliche Formänderung oder innere Spannung auslösen. So werden in Bauteilen im Betrieb auftretende Spannungskonzentrationen kompensiert oder gewünschte Formänderungen örtlich herbeigeführt - z.B. in Tragflächen bei variablen thermischen und aerodynamischen Bedingungen. Die Funktion der Faserkomponenten in derartigen Verbundsystemen ähnelt den Nerven und Muskeln biologischer Strukturen.

Nach dieser nicht völlig unrealistischen Zukunftsmusik sollen nun noch ein paar abschließende, zusammenfassende Bemerkungen folgen.
- Materialwissenschaftliche Grundlagen werden auch weiterhin und eher zunehmend die Voraussetzung für alle werkstofftechnischen Entwicklungen einschließlich der Fertigungstechniken bilden.

- Allerdings sollten bei der Optimierung und Durchführung derartiger Aufgaben nicht nur die angestrebten Fertigungs- oder Gebrauchseigenschaften berücksichtigt werden. Das Ende des Kreislaufes ist ebenso ernst zu nehmen. Falls Unerfreuliches zu erwarten ist, sollten die Möglichkeiten zur Lösung dieser Probleme von Anfang an erwogen werden oder es sollte überlegt werden, ob aufwendige Entwicklungen überhaupt durchgeführt (gefördert) werden.
- Es lohnt, an herkömmlichen metallischen Werkstoffen zu arbeiten, sie weiter zu verbessern und ihre Kreisläufe noch besser zu planen, so daß auch nach mehrfacher Rückgewinnung wieder Hochwertiges entsteht. Dann werden sie sich als sympathischer Partner der zukünftigen Menschheit erweisen.
- Ähnliches gilt für die nachwachsenden Polymere, die Natur- und keine Kunststoffe sind. Im Gegensatz zu den aus fossilem Kohlenstoff aufgebauten Kunststoffen bescheren sie uns einen geschlossenen CO_2-Kreislauf. Sie fordern aber noch sehr viel Forschung bis zur Reife als ernstzunehmende Werkstoffe.
- Trotz der Tatsache, daß pro technischem Nutzen immer weniger Werkstoff gebraucht wird, braucht die werkstofferzeugende Industrie nicht um ihre Existenz zu fürchten. Allerdings nur, wenn sie - unterstützt durch intensive angewandte Forschung - möglichst originelle Werkstoffe von großer Zuverlässigkeit und maßgeschneidert für die Lösung der Probleme der Konstrukteure zu liefern vermag. Falls diese Werkstoffe dann auch noch nach ihrem Gebrauch ohne größere Probleme dem Rohstoffkreislauf wieder zugeführt werden können, sollten sie sehr gute Marktchancen haben.

2 Kreislauf der Werkstoffe - Rohstoffe und Werkstoffe

Carl-Ernst Bauermann, Knut Escher

2.1 Einleitung

Die in einem Ökosystem ablaufenden Prozesse sind Kreislaufprozesse. Die lebensnotwendigen Stoffe werden in der Gemeinschaft von Konsumenten und Produzenten durch Aufbau- und Zersetzungsmechanismen untereinander ausgetauscht.

Unter Zufuhr von Energie finden Stoffwechselvorgänge in der Art statt, daß Materie nach einer gewissen Verweilzeit im Kreislauf den Ausgangspunkt wieder erreicht, wobei eine Reihe von hintereinander geschalteten Einzelprozessen durchlaufen wird.

Die Kreislaufführung im Ökosystem erfolgt unter Beibehaltung von Fließgleichgewichten, d. h., daß ein System von einem Gleichgewichtszustand in einen anderen übergehen kann. So kann das System nachgiebig auf Störgrößen reagieren, die dann untereinander durch die im System beinhalteten Selbstreinigungskräfte eliminiert werden oder aber zu einem neuen Gleichgewicht führen.

Vom Menschen in Gang gesetzte Prozesse laufen dagegen bislang überwiegend in eine Richtung ab. Die zur Befriedigung der Bedürfnisse benötigten Stoffe werden aus dem Ökosystem entnommen und oft als Abfall hinterlassen, wenn sie unbrauchbar geworden sind.

Daher läßt sich derzeit nur bedingt von einem Kreislauf der Werkstoffe sprechen. Es wäre sinnvoller, den Ausdruck "Lebensweg der Werkstoffe" zu verwenden. Erfolgt eine Rückführung der Rohstoffe in den Kreislauf, spricht man von Recycling. Das Ziel des Recyclings ist die Einsparung von Rohstoffen und die Entlastung der Umwelt durch ein geringeres Abfallvolumen.

Wege, die dieses ermöglichen, sollen im Kreislauf der Werkstoffe aufgezeigt werden. Die Dringlichkeit des Recyclings zeigt sich in der Betrachtung der Rohstoffvorräte /1,2,3/.

2.2 Der Werkstoff

Werkstoffe sind feste Stoffe, die für die Technik nützliche Eigenschaften haben.
Sie können a) wegen ihrer mechanischen Eigenschaften oder b) wegen ihrer
funktionellen Eigenschaften angewendet werden. Dementsprechend unterscheidet
man sie in:
a) Strukturwerkstoffe (z. B. Stahlseile, die Brücken tragen),
b) Funktionswerkstoffe (z. B. Kupferboden eines Kochtopfes).
Zur besseren Einordnung unterteilt man die Werkstoffe in vier Werkstoffgruppen:
    Metalle
    keramische Werkstoffe (einschließlich Halbleiter)
    Polymere
    Werkstoffverbunde.
Hierzu ist zu sagen, daß die Werkstoffverbunde aus mindestens zwei der
vorherigen Werkstoffgruppen bestehen. Das bedeutet, daß für sie keine einzelne
Betrachtung der Rohstoffversorgung nötig ist, da sich diese aus den Untersuchungen für 1) - 3) ergibt /4/.

2.3 Der Kreislauf der Werkstoffe

2.3.1 Der Ausgangspunkt

Am Ausgangspunkt des "Kreislaufs der Werkstoffe" (s. Abb. 1.1) werden die drei
Komponenten Information, Materie (Rohstoff, Atome) und Energie bereitgestellt /4/.

2.3.1.1 Die Information

Galt bis vor kurzem noch die Menge an produzierten Werkstoffen als Maß für
die Leistungsfähigkeit einer Industriegesellschaft, so ist die Entwicklung
inzwischen gegenläufig. Heute läßt sich die Leistungsfähigkeit an der ab-
nehmenden Werkstoffmenge pro technischem Nutzen (s. Abb. 1.2) messen. Dies
ist die Folge von immer besser angepaßten Werkstoffen, die sich nur mit
genügend Information und Informationsaustausch entwickeln lassen.
    Zu den Informationen gehören einerseits die Datenbanken, Nachschlagewerke
sowie Fachbücher, andererseits die Lehre an den Universitäten, Schulen etc.
Bessere Informationen haben aber nicht nur zur Folge, daß weniger Rohstoffe
durch höher entwickelte Werkstoffe oder bessere Recyclingeigenschaften
verbraucht werden, sondern daß auch weniger Energie für Transport, Bergbau,
Aufbereitung und Formgebung aufgebracht werden muß /4/.

2.3.1.2 Rohstoffe

Bei den Rohstoffen handelt es sich um Materien, aus denen die einzelnen Werkstoffe hergestellt werden. Dabei unterscheidet man zwischen natürlichen und künstlichen Werkstoffen (Tabelle 2.1).

Tabelle 2.1: Natürliche und künstliche Werkstoffe der vier Werkstoffgruppen /4/

	Natürliche Werkstoffe	Künstliche Werkstoffe
Keramik	Granit, Diamant	Porzellan, Schneidkeramik (Al_2O_3 + ZrO_2)
Metall	Meteoritlegierung (Fe + Ni) Gold	Aluminiumlegierung, Stahl
Hochpolymer	Cellulose, Leder	Polyäther, Polyamid
Verbundwerkstoffe	Holz, Bambus	kohlefaserverstärkte Duromere, polymerbeschichteter Stahl

Die künstlichen Werkstoffe haben heute eine wesentlich größere Bedeutung als die natürlichen. Es besteht dabei die Problematik, daß für ihre Herstellung mehr Energie bzw. zusätzliche Energie benötigt wird als für die Herstellung der natürlichen Werkstoffe.

Unter den Rohstoffen spielt der Kohlenstoff in Form von Erdöl, Kohle und Erdgas eine besondere Rolle. Er dient zum größten Teil als Energielieferant und zu einem kleinen Prozentsatz (ca. 9%) als Rohstoff für die Polymerherstellung. Als Energielieferant wird der Kohlenstoff in Wärme und CO_X überführt und ist darauf für alle Zeit verloren. Dahingegen können Polymerwerkstoffe durch stofflich/thermisches Recycling wiederum in Energieträger umgewandelt werden.

2.3.1.3 Energie

Wie schon erwähnt, wird Energie für die Gewinnung, Aufbereitung, Formgebung, Transport etc. der Rohstoffe bzw. Werkstoffe benötigt.

Als Energiequellen können dabei Kern-, Sonnen-, Wasser-, Windenergie sowie fossile Brennstoffe in Betracht gezogen werden.

Um die großen Mengen an Energie bereitzustellen, kommen für die Bundesrepublik aufgrund ihrer geographischen Lage nur die Kernenergie, Wasserkraft und die fossilen Brennstoffe in Frage. Bei den fossilen Brennstoffen treten die bereits genannten Probleme auf, so daß sich die Frage stellt, ob es künftigen

Generationen gegenüber zu verantworten ist, die Rohstoffe Erdöl, Erdgas und Kohle hauptsächlich und unwiederbringlich zur Energiegewinnung zu verbrennen. Die Kernenergie und die Wasserkraft sind die einzigen Alternativen bezüglich der Einsparung an fossilen Brennstoffen und der Möglichkeit, große Mengen an Energie in ausreichendem Maße bereitzustellen /1,4/.

2.3.2 Die Herstellung

Hier erfolgt durch Synthese von Energie, Information und Materie (Rohstoffen) die "Geburt" des Werkstoffes in Form eines Grundwerkstoffes oder Halbzeuges. Danach wird der Werkstoff in der Fertigung weiterverarbeitet /4/.

2.3.3 Die Fertigung

Die Werkstoffauswahl ist bei der Fertigung einer der zentralen Punkte. Sie ist von einer Vielzahl von Faktoren abhängig, die durch die jeweiligen:
- Fertigungseigenschaften,
- Gebrauchseigenschaften (primäre und sekundäre) und auch
- Recyclingeigenschaften
bestimmt werden.

Bei der Fertigung ist darauf zu achten, daß nicht einer der eigenschaftsbestimmten Faktoren übermäßige Gewichtung nimmt, sondern ein Optimum zwischen den einzelnen, unterschiedlich zu bewertenden Faktoren anzustreben. Es gilt deshalb: $\Sigma E_G + \Sigma E_F + \Sigma E_R = Optimum$

Die erste Eingrenzung geschieht über die Gebrauchseigenschaften. Das bedeutet, daß der Werkstoff in der Lage sein muß, den äußeren Beanspruchungen gerecht zu werden.

Um dieses Problem zu lösen, ist es von Vorteil, ein Beanspruchungs- und Eigenschaftsprofil gemäß Abb. 2.1 zu erstellen.

Das zweite Kriterium stellen die eigentlichen Fertigungseigenschaften dar. Ein Werkstoff sollte sich möglichst einfach mit den jeweiligen Fertigungsverfahren (Trennen, Fügen, Umformen, Urformen) bearbeiten lassen. Für die Auswahl kann dies mitunter bedeuten, daß ein Werkstoff mit optimalen Gebrauchseigenschaften zugunsten eines Werkstoffes mit guten fertigungstechnischen Eigenschaften ausgetauscht wird, sofern er die o.g. Bedingung erfüllt.

Weiterhin ist der Aspekt der Recyclingsfähigkeit zu berücksichtigen. Idealerweise kann der Werkstoff am Ende als Schrott gesammelt und wieder aufbereitet werden, um so eine erneute Wiederverwendung zu finden /2,4/. Voraussetzung hierfür ist die recyclinggerechte Konstruktion von Bauteilen.

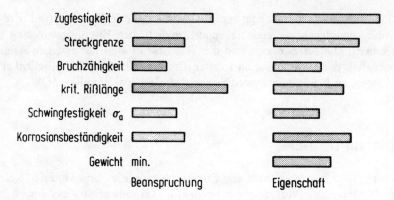

Abb. 2.1 Bei der Werkstoffauswahl muß das Beanspruchungs- mit dem Eigenschaftsprofil in Einklang gebracht werden /4/

2.3.4 Gebrauch und Versagen

Am Ende des Gebrauchs eines Bauteils (Werkstoffes) steht das Versagen. Beim Versagen eines Bauteils ist zwischen erwartetem und unerwartetem Versagen zu unterscheiden. Hierbei ist das erwartete Versagen erwünscht, da man dieses anhand statistischer Methoden ungefähr vorhersagen kann. Dadurch läßt sich ein Bauteil rechtzeitig ersetzen und Schaden abwenden. Ferner ist unter Umständen eine bessere Recycelfähigkeit bei einem unzerstörten Bauteil als bei einem zerstörten gegeben /4/.

2.3.5 Rückgewinnung und Abfallbeseitigung

Nach dem Versagen des Werkstoffes in Form von Bauten, Maschinen, Werkzeugen, Verpackungen etc. stellt sich die Frage, was mit dem Werkstoff geschieht.

Die einfachste und bequemste Lösung wäre, den Schrott zu deponieren. Dabei werden die Rohstoffe jedoch nicht wiederverwendet und sind somit verloren. Bei dieser Lösung wird neben Rohstoffen auch Energie verschwendet, da der Energiebedarf für die Werkstoffherstellung aus Schrott bis zu 90 % geringer ist als bei dessen erstmaliger Herstellung.

Eine weitaus sinnvollere Lösung ist das Recycling. Hierbei ist zwischen den einzelnen Werkstoffen zu unterscheiden. Bei reinen Metallen treten keine Schwierigkeiten auf, diese durch Wiedereinschmelzen zurückzugewinnen. Bei Legierungen ist darauf zu achten, daß sie bei der Rückgewinnung entweder gut trennbar sind oder als rückgewonnene Legierung erneut eingesetzt werden können.

Ein Problem stellen die künstlichen Polymere sowie die anteilig aus ihnen hergestellten Verbundwerkstoffe dar (z. B. GFK). Für nicht sortenreine Polymere und Duroplaste besteht nur die Möglichkeit des Energierecyclings, d.h. der Rückgewinnung des in ihnen gespeicherten Energiewertes. Dahingegen ist bei sortenreinen Thermoplasten eine stoffliche Wiederverwertung möglich, da diese problemlos eingeschmolzen werden können. Auch Elastomere lassen sich über eine mechanisch-thermische Degeneration in Walzwerken oder in Knetern neu verarbeiten.

Biologisch auf- und abbaubare Polymere, die auf natürlichen Polymerrohstoffen basieren, bieten den Vorteil der Kompostierbarkeit. Der entstehende Kompost kann als Dünger für den Anbau neuer natürlicher Polymere genutzt werden. Zudem lassen sich die entstehenden Kompostiergase auch zur Energiegewinnung heranziehen /1-5/.

2.4 Rohstoffvorkommen, Verbrauch, Lebensdauer und regionale Verteilung

2.4.1 Die Metalle

Bei den Metallen ist es sinnvoll, zwischen den für die Stahlherstellung bedeutenden und den sonstigen Ne-Metallen zu differenzieren, da der Stahl auch heute noch den größten Anteil an den produzierten Werkstoffen hat.

Tabelle 2.2 Vorkommen und Verbrauch von Eisen und den wichtigsten Stahl- veredlern in Millionen Tonnen sowie deren Nutzungsdauer ohne Recycling /7,8/.

Eisen und Stahlveredler	Vorkommen in Millionen Tonnen	Verbrauch p.a. in Millionen Tonnen	Rohstoffnutzung in Jahren ohne Recycling
Eisen	93600,00	500,00	187,20
Chrom	3543,00	9,16	368,60
Mangan	1835,00	21,07	87,06
Vanadium	15,80	0,02	572,46
Kobalt	3,66	0,02	131,36
Nickel	82,63	0,78	105,58
Molybdän	9,48	0,09	95,75
Wolfram	2,56	0,04	55,94

Tabelle 2.2 zeigt die momentan abbauwürdigen Vorkommen, den Verbrauch und die statische Lebensdauer der Vorkommen von Eisen und den wichtigsten Stahlveredlern. Bei der statischen Lebensdauer handelt es sich um die Zeit, nach der die Vorkommen bei konstantem Verbrauch aufgebraucht sind. Sie ist keine definitive Aussage über die tatsächliche Lebensdauer, da man nicht von einem gleichbleibenden Verbrauch ausgehen kann. Weiterhin könnten durch steigende Rohstoffpreise momentan nicht abbauwürdige Vorkommen abbauwürdig werden (z. B. Ölschiefer und Ölsand in Kanada).

Das bedeutet, daß diese Werte keine genaue Voraussage zulassen, sondern lediglich den aktuellen Trend widerspiegeln.

Dennoch verdeutlicht Tabelle 2.2, daß einerseits an einigen Stahlveredlern auch in Zukunft kein Mangel herrschen wird (Chrom, Vanadium und Kobalt), wohingegen bei anderen (Nickel, Mangan und vor allem Wolfram) über eine eventuelle Substitution durch andere Legierungselemente nachgedacht werden muß /7,8/.

2.4.2 Sonstige NE-Metalle

Tabelle 2.3 Vorkommen und Verbrauch sonstiger NE-Metalle in Millionen Tonnen sowie deren Nutzungsdauer in Jahren ohne Recycling /7,8/.

sonstige NE-Metalle	Vorkommen in Millionen Tonnen	Verbrauch p.a. in Millionen Tonnen	Rohstoffnutzung in Jahren ohne Recycling
Kupfer	550,08	9,83	55,65
Blei	156,70	5,48	28,59
Zinn	9,71	0,69	13,95
Zink	241,02	6,33	38,06
Platin	36,77	0,19	185,74
Magnesium	1410,00	0,31	4503,36
Aluminium	6000,00	16,01	374,59

Drastischer sehen die Tendenzen für andere NE-Metalle aus, wie Tabelle 2.3 zeigt. Im Gegensatz zu den Leichtmetallen Aluminium und Magnesium sind die Rohstoffvorräte für Kupfer, Blei, Zinn und Zink beschränkt. Ohne ein forciertes Recycling wird für diese Elemente die uneingeschränkte Nutzung in Frage gestellt.

2.4.3 Polymere

Zur Polymerherstellung werden die Rohstoffe Erdöl und Erdgas benötigt. Diese werden allerdings heute hauptsächlich als Energieträger unwiederbringlich verbrannt.

Tabelle 2.4 veranschaulicht, daß ca. 91 % des Erdöls als Energieträger verbraucht und nur ca. 9 % als Rohstoff zur Herstellung von Werkstoffen und anderen Chemieprodukten benutzt werden. Anhand der statischen Lebensdauer von ca. 44 Jahren ist es aus materialtechnischer Sicht nicht vertretbar, diesen Rohstoff weiter als Energieträger zu verwenden.

Tabelle 2.4 Reserven, Förderung pro Jahr und Verbrauch pro Jahr zur Energieversorgung an Erdöl in Millionen Tonnen in der Welt und in den einzelnen Regionen sowie die Nutzungsdauer in Jahren /6/.

Erdöl	Reserven in Millionen Tonnen	Förderung p.a. in Millionen Tonnen	Rohstoff-nutzung in Jahren	Verbrauch p.a. in Millionen Tonnen
Europa	1841	198,7	9,0	598,28
N.Amerika	4308	500,5	9,0	923,53
S.Amerika	16715	367,3	45,0	182,25
Afrika/m. O.	98045	1142,6	85,8	176,71
Ozeanien	3500	175,5	20,0	331,14
ehem. Ost-block	11296	723,0	16,0	587,30
Welt	135705	3108,0	44,0	**2800/3108**

2.4.4 Die regionale Verteilung der Rohstoffe

Die Tabelle 2.5 zeigt anhand des Beispieles von Kupfer, daß die Regionen mit dem größten Rohstoffverbrauch oftmals diejenigen sind, die im allgemeinen die geringsten Rohstoffvorkommen besitzen /7,8/. Dabei ist ein direkter Zusammenhang zwischen Verbrauch und Grad der Industrialisierung festzustellen (Beispiel Europa).

Tabelle 2.5 Regionale Produktion und Verbrauch an Kupfer in tausend Tonnen pro Jahr /7,8/.

Kupfer	Produktion p.a. in tausend Tonnen	Verbrauch p.a. in tausend Tonnen
Europa	278,9	2836,1
Asien	504,5	1592,2
Afrika	1286,3	94,3
Amerika	3662,5	2939,7
Ozeanien	403,6	129,1
ehem. Ostblock	1818,1	2291,1

2.5 Probleme, die sich aus den o.g. Ausführungen ergeben

- Durch Bequemlichkeit kommt es zu einer Verschwendung von Energie und Rohstoffen, sowie eine Vergrößerung des Abfallvolumens.
- Aufgrund der Knappheit einiger NE-Metalle ist die Nutzung spezieller Werkstoffe zukünftig in Frage gestellt.
- Bei uneingeschränkter Verwendung der Rohstoffe Erdöl, Erdgas und Kohle als Energieträger wird mittelfristig die Herstellung von Polymeren auf deren Rohstoffbasis nicht mehr möglich sein.
- Die rohstoffimportierenden Länder begeben sich in die Abhängigkeit der rohstoffexportierenden Länder.

2.6 Lösungsansätze

Zur langfristigen Sicherung der Rohstoffvorräte und zur Lösung der Abfall-problematik mögen folgende Ansätze dienlich sein:

1) Entwickeln von Werkstoffen, bei denen der Rohstoffverbrauch (Energie, Materie) pro technischem Nutzen so gering wie möglich ist. Dabei ist die Recyclingfähigkeit zu berücksichtigen.
2) Ersatz der fossilen Brennstoffe als vorrangige Energielieferanten durch andere Energieträger (Atomenergie, Wasserkraft).
3) Bewußtseinsänderung in der Industrie und Gesellschaft bzgl. Energiever-brauch, Rohstoffverbrauch und Recycling.

4) Verstärken von Recycling zur Schonung von Rohstoffreserven (vor allem Kupfer, Blei, Zinn, Zink) und zur Wahrung der Unabhängigkeit von Dritten.

5) Entwicklung von Werkstoffen auf der Basis regenerativer Rohstoffe (Polymere auf Basis von Kartoffelstärke).

6) Entwicklung leistungsfähiger Werkstoffe und Ersatz knapper Rohstoffe (Kupfer, Blei, Zinn, Zink) durch Rohstoffe, deren langfristige Nutzung aufgrund ihrer Menge gesichert ist (Eisen, Magnesium, Aluminium, Silicium).

2.7 Literatur

/1/ R. Turowski: Entlastung der Rohstoff- und Primärenergiebilanz der Bundesrepublik Deutschland durch Recycling von Hausmüll, KFA Jülich GmbH, 1977

/2/ Optimale Rohstoffnutzung - eine Aufgabe für den Ingenieur, Deutscher Ingenieurtag Hamburg, VDI Verlag München, Wien, 1990

/3/ F. J. Jägeler: Rohstoffabhängigkeit der BRD, Verlag Weltarchiv GmbH 1975

/4/ E. Hornbogen, Werkstoffe, 5. Auflage, Springer-Verlag, München, Heidelberg 1991

/5/ G. Menges: Werkstoffkunde der Kunststoffe, 3. Auflage, Carl Hanser Verlag, München, Wien, 1990

/6/ Statistik der Energiewirtschaft, 1991

/7/ M. Kürsten: Geographische Verteilung und Rohstofforschung, Elemente der Rohstoffsicherung, Das Fach Thema, 4/81

/8/ Regionale Verteilung der Weltbergbauproduktion, Bundesanstalt für Geowissenschaften und Rohstoffe, Hannover 1990

3 Werkstoffe und Energie

Christoph Escher, Birgit Skrotzki

3.1 Einleitung

Durch steigende Bevölkerungszahlen und Streben nach noch höherem Wohlstand wächst der Energiebedarf jährlich an. So hat sich die Förderung und Gewinnung von Energie weltweit zwischen 1950 und 1986 fast vervierfacht. Dabei sind Gewinnung, Umwandlung, Transport und Nutzung von Energie mit vielfältigen Umweltbelastungen verbunden. Eine besondere Aufmerksamkeit sollte neben dem wachsenden Deponievolumen, der Wasser- und Luftverschmutzung auch dem Konzentrationsanstieg von CO_2 in der Atmosphäre und dem daraus folgenden Treibhauseffekt gewidmet werden, der hauptsächlich durch die Verbrennung fossiler Energieträger verursacht wird. Es ist deshalb verständlich, daß man der Energie sowohl bei der Gewinnung als auch beim Verbrauch einen besonders hohen Stellenwert zukommen läßt und Energieverschwendung vermeidet.

Betrachtet man in der heutigen Konsumgesellschaft den Kreislauf einzelner Produkte von der Herstellung über den Gebrauch bis zur Entsorgung, so lasssen sich durch geeignete Werkstoffwahl nicht nur der Energieverbrauch, sondern auch die Umweltbelastungen verringern. Energie- und Ökobilanzen gewinnen somit immer mehr an Bedeutung. Leider sind die meisten Veröffentlichungen auf diesem Gebiet nicht unbedingt objektiv. Die Betrachtung von Energie- oder Ökobilanzen wird oft unterschiedlich von den einzelnen Industriezweigen ausgelegt, so daß eine objektive Gesamtbetrachtung mit einigen Schwierigkeiten verbunden ist.

3.2 Energiebedarf

Um Energiebilanzen gegenüberstellen zu können, muß zuerst eine Energieeinheit definiert werden. Der Energiebedarf der einzelnen Kreislaufschritte läßt sich in einen elektrischen und einen thermischen Energieanteil zerlegen. Beträgt bei der Kunststoffherstellung der thermische Energieanteil zwischen 70 % und 93 % des Gesamtenergiebedarfs, so besteht der Energiebedarf bei der Aluminiumproduktion nur zu 28 % aus thermischer und zu 72 % aus elektrischer Energie. Folglich werden für Kunststoffe die Energiebeträge in MJ, für Aluminium dagegen in kWh angegeben. Außerdem erscheint es bei einem Energievergleich nur sinnvoll, die Energiebeträge pro Bauteil gegenüberzustellen. Da sich aber viele Herstellungsprozesse ähneln und die Anzahl an Energiebilanzen im Rahmen gehalten werden soll, findet man in der Regel nur spezifische Energieangaben (pro kg). Für einen konkreten Bauteilvergleich müssen diese Angaben jeweils mit dem Gewicht des Bauteils multipliziert werden.

Im Folgenden soll eine Gegenüberstellung der Energiebeträge unterschiedlicher Werkstoffe bei der Herstellung, dem Gebrauch und der Entsorgung von Produkten erfolgen. Es werden ungefähre Richtwerte des spezifischen Energiebedarfs in MJ/kg (1 MJ = 3,6 kWh) angegeben. Um jedoch konkret Bauteilwerkstoffe miteinander vergleichen zu können, wird näherungsweise am Beispiel einer Automobilstoßstange der jeweilige Energiebedarf pro Stück ausgerechnet.

3.2.1 Energiebedarf bei der Herstellung

Bilanziert man den Energiebedarf bei der Herstellung von Rohmaterialen, so genügt es nicht, nur den eigentlichen Herstellungsprozeß zu betrachten.

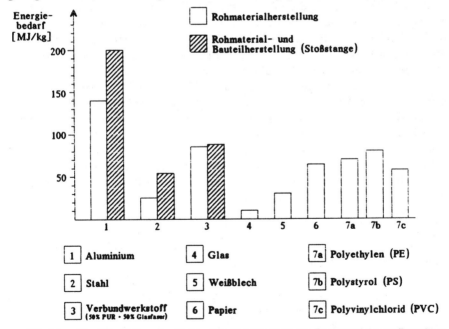

Abb. 3.1 Abschätzung des spezifischen Energiebedarfs für die Rohmaterial- und Bauteilherstellung aus verschiedenen Werkstoffen (nach /1,5,6/ und /7/)

Man sollte auch Abbau und Transport der Rohstoffe bzw. Energieträger berücksichtigen. In Abb. 3.1 sind ungefähre Richtwerte zur Abschätzung des spezifischen Energiebedarfs für die Rohmaterialproduktion dargestellt. Man erkennt, daß Glas, gefolgt von Stahl und Weißblech, die niedrigsten spezifischen Energiewerte besitzt. Primäraluminium benötigt mit Abstand den höchsten Energiebedarf von etwa 140 MJ/kg. Dieser setzt sich zusammen aus Abbau und Transport des Rohstoffes Bauxit, der anschließenden Tonerdefabrikation und zu etwa 75 % aus der Schmelzflußelektrolyse. Etwas über den Werten der Polymere und des Papiers liegt ein Faserverbundwerkstoff aus 50 % Polyurethan und 50 % Glasfaser mit etwa 85 MJ/kg. Stahl dagegen benötigt bei der Rohmaterialherstellung unter Berücksichtigung von Abbau und Transport der Rohstoffe sowie Roheisen- und Stahlerzeugung ungefähr 25 MJ/kg.

Um aus dem Rohmaterial ein Bauteil herstellen zu können, muß weitere Energie aufgebracht werden. Für die drei Werkstoffe Aluminium, Stahl und Verbundwerkstoff ist in Tabelle 3.1 ebenfalls der Energiebedarf für die Herstellung einer Stoßstange angegeben. Dabei müssen für den Verbundwerkstoff nur ca. 3 MJ/kg aufgebracht werden. Zur Herstellung von Aluminium- oder Stahlstoßstangen muß das Rohmaterial erst zu Breitband warm- bzw. kaltgewalzt werden. Anschließend wird ein Halbzeug ausgestanzt und zu einer Stoßstange kalt tiefgezogen bzw. gepreßt. Diese Umformschritte erfordern einen weitaus höheren Energiebedarf als die Formgebung und Aushärtung einer Verbundstoßstange mit Hilfe der SMC-Technik. Er liegt für Aluminium bei ca. 60 MJ/kg, für Stahl bei ca. 29 MJ/kg. Der große Unterschied des Umformenergiebedarfs von Aluminium und Stahl ist auf das größere spezifische Volumen von Aluminium zurückzuführen. Bei einem kg Aluminium muß etwa die 2,9-fache Werkstoffmenge von einem kg Stahl umgeformt werden. Es ergeben sich damit nach Addition der jeweiligen Werte aus der Rohmaterialherstellung für die Herstellung von Stoßstangen aus den drei Werkstoffen folgende spezifische Energiewerte: Aluminium ca. 200 MJ/kg, Stahl ca. 54 MJ/kg, Verbundwerkstoff ca. 88 MJ/kg.

Mit Hilfe dieser ungefähren Richtwerte zur Abschätzung des spezifischen Energiebedarfs und den jeweilig dazu gehörenden Gewichten einer Stoßstange kann man, wie vorher schon erwähnt, eine auf die Stückzahl bezogene Energiebilanz aufstellen. Nach Fussler und Krummenacher betragen die Gewichte einer Stoßstange aus den drei Werkstoffen:
Aluminium ca. 2,9 kg,   Stahl ca. 5,3 kg,   Verbundwerkstoff ca. 2,5 kg.
Multipliziert man das Gewicht mit der jeweiligen spezifischen Herstellungs energie, so ergibt sich der in Tabelle 3.1 angegebene Energiewert.

Es wird deutlich, daß die Herstellung einer Stoßstange aus Verbundwerkstoff den geringsten Energiebedarf benötigt. Durch das niedrigere Gewicht der Verbundstoßstange kann sie den Bauteilenergiebedarf einer Stahlstoßstange um immerhin 66 MJ unterbieten, obwohl sie bei der spezifischen Energiebetrachtung nur auf Platz 2 hinter der Stahlstoßstange lag. Hieraus wird ersichtlich, daß ein Vergleich spezifischer Energiewerte nicht pauschal zum richtigen Ergebnis führen muß.

Tabelle 3.1 Benötigter Energiebedarf für die Herstellung einer Stoßstange aus verschiedenen Primärwerkstoffen

Stoßstangenmaterial	Gewicht	spezifische Energie	Energie pro Stück
Aluminium (primär)	2.9 kg	200 MJ/kg	580 MJ
Stahl (primär)	5.3 kg	54 MJ/kg	286 MJ
Verbundwerkstoff	2.4 kg	88 MJ/kg	220 MJ

Die Auswirkung auf den Energiebedarf durch sekundäre Herstellung wird im Kapitel 3.2.3 betrachtet.

3.2.2 Energiebedarf beim Gebrauch

Die gesamte Konstruktion von Bauteilen oder Produkten zielt auf den späteren Gebrauch. Folglich wird auch bei der Werkstoffauswahl auf Eigenschaften geachtet, die entweder die Funktion des Produktes erst ermöglichen oder aber positive Nebenwirkungen hervorrufen. Eine dieser Nebenwirkungen ist die Energieersparnis durch geeignete Wahl des Werkstoffes. Für Stromleitungen wird man einen Werkstoff mit hoher elektrischer Leitfähigkeit, wie z. B. Supraleiter oder Kupfer, auswählen, um den Verlust an elektrischer Energie so gering wie möglich zu halten. Sucht man einen Verpackungswerkstoff für zu kühlende Getränke, ist eine hohe Wärmeleitfähigkeit von Bedeutung, damit nur eine geringe Kühlungsenergie aufgebracht werden muß Auf diesem Sektor zeigen Aluminiumdosen gegenüber Glasflaschen und Weißblechdosen einen großen Vorteil. Den entscheidenden Teil zur Energieeinsparung während des Gebrauchs trägt aber die Gewichtsreduzierung von Produkten bei. Betrachtet man zum Beispiel den gesamten Energieaufwand eines Pkw mit einer durchschnittlichen Fahrstrecke von 150 000 km, so werden etwa 10 % für die Herstellung, dagegen 90 % der Energie während des Fahrbetriebs verbraucht. Folglich wirkt sich jede Gewichtsreduzierung eines Automobils besonders stark auf die Senkung des Gesamtenergieverbrauchs aus. Damit werden der Kraftstoffverbrauch und natürlich die Schadstoffemissionen gesenkt.

In Abb. 3.2 sind die Auswirkungen einer Gewichtsreduzierung auf die Energie- und Kraftstoffeinsparung bei einem Automobil dargestellt. Es ergibt sich für unterschiedliche Fahrstrecken eine linearer Zusammenhang von Gewichtsdifferenz ΔG und eingesparter Energie bzw. eingespartem Kraftstoff. Könnte beispielsweise das Gewicht eines Pkw um 200 kg gesenkt werden, so würden bei

20

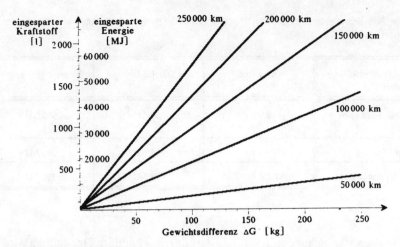

Abb. 3.2 Einsparung von Energie und Kraftstoff während der Nutzung eines Automobils durch Gewichtsverminderung (nach /6/ und /8/)

einer Fahrstrecke von 150 000 km etwa 61 000 MJ eingespart werden. Dies entspräche einem Kraftstoffanteil von etwa 1 900 Litern. Geht man von einem durchschnittlichen Kraftstoffverbrauch von 10 Litern pro 100 km aus, würde sich durch die Gewichtsreduzierung nur noch ein Kraftstoffverbrauch von etwa 8,7 Litern pro 100 km einstellen. Bezogen auf die ganze Welt, in der über 400 Millionen Pkw betrieben werden, würde sich bei einer durchschnittlichen Fahrstrecke von 20 000 km im Jahr eine Kraftstoffeinsparung von über 700 Milliarden Litern ergeben. Das wären immerhin fast 3 % des Weltölverbrauchs.

Auch beim Stoßstangenbeispiel lohnt sich eine Energiebetrachtung. Wenn man davon ausgeht, daß früher nur verchromte Stahlstoßstangen benutzt wurden, so läßt sich für die Aluminium- und die Verbundvariante eine Gewichtsreduzierung von ΔG gegenüber der Stahlstoßstange bestimmen. Ein Pkw wird durchschnittliche 150 000 km gefahren, so daß man mit Hilfe der Abb. 3.2 die folgenden Energie- bzw. Kraftstofferrsparnisse ermitteln kann.

Tabelle 3.2 Energie- und Kraftstofferrsparnis bei Berücksichtigung einer Gewichtsreduzierung ΔG

Stoßstangen-material	ΔG	Kraftstoff-ersparnis	Energie-ersparnis	Herstellungs-energie
Aluminium	2,4 kg	21,6 l	700 MJ	580 MJ
Stahl	-	-	-	286 MJ
Verbund-werkstoff	2,9 kg	25,6 l	812 MJ	220 MJ

Auch hier schneidet die Stoßstange aus Verbundwerkstoff am besten ab, da sie bei gleichen Gebrauchseigenschaften das geringste Gewicht besitzt. Interessant ist auch der Vergleich von Herstellungsenergie und Energieersparnis.

Sowohl die Verbund- als auch die Aluminiumstoßstange sparen bei ihrem Gebrauch im Vergleich zum Stahl mehr Energie ein, als für ihre Herstellung benötigt wird.

3.2.3 Energiebedarf bei der Entsorgung

Nach dem Gebrauch bzw. dem Versagen schließt sich die Entsorgung des Produktes an. Dabei stehen die vier Möglichkeiten Deponierung, Verbrennung, Kompostierung und Recycling zur Verfügung. Für eine Energiebetrachtung stellen die Kompostierung und vor allem die Deponierung keine Alternativen dar, weil die im Produkt gespeicherte Energie, die bei der Herstellung eingebracht wurde, ungenutzt verloren geht. Aus diesem Grund werden biologisch abbaubare Werkstoffe bei einer Energiebilanz keine guten Ergebnisse erlangen. Bei der Verbrennung wird thermische Energie freigesetzt. Diese Energie kann direkt rückgewonnen und somit z. B. als Fernwärme oder zur Erzeugung elektrischer Energie genutzt werden. Das Recycling dagegen beruht auf der Rückgewinnung des Rohmaterials. Für die meisten Werkstoffe ist eine sekundäre Rohmaterialherstellung durch Recycling mit bedeutend weniger Energiebedarf verbunden als eine Primärherstellung. Bestes Beispiel dafür ist das Aluminium, bei dem sekundär nur noch etwa 5 % des Energiebedarfs der Primärherstellung verbraucht werden. Somit bewirkt das Recycling eine Senkung des Energiebedarfs, obwohl dabei nicht direkt Energie erzeugt wird wie bei der Verbrennung.

In Abb. 3.3 sind die ungefähren Richtwerte für den spezifischen Herstellungsenergiebedarf unterschiedlicher Werkstoffe aus Abb. 3.1 mit Berücksichtigung der Energierückgewinnung dargestellt. Bei den Werkstoffen Aluminium, Stahl, Glas und Weißblech ist eine Energierückgewinnung durch Verbrennung nicht möglich. Es sind deshalb die Energieeinsparungen durch Recycling angegeben. Papier und die aufgeführten Kunststoffe (Thermoplaste) lassen sich sowohl verbrennen als auch rezyklieren. Da jedoch ihr Heizwert energetisch günstiger liegt, wird bei diesen Werkstoffen die bei der Verbrennung zurückgewonnene Energie berücksichtigt. Die Energierückgewinnungswerte gelten nur für Verbrennung und Recycling aus reinem Abfall aus dem jeweiligen Material. Das Rezyklieren von Mischabfall, z. B., spart weitaus weniger Energie als hier angegeben ist. Das ist auch der Grund, warum bei dem Verbundwerkstoff praktisch keine Energie zurückgewonnen werden kann. Bis heute ist man noch nicht in der Lage, den Verbund aus Polyurethan und Glasfaser nutzbringend zu rezyklieren.

Mit Hilfe des Stoßstangenbeispiels soll nun die Auswirkung der Energierückgewinnung auf den Energiebedarf der Herstellung der drei Werkstoffe verdeutlicht werden. Sekundäraluminium spart mit Abstand den größten Teil an

22

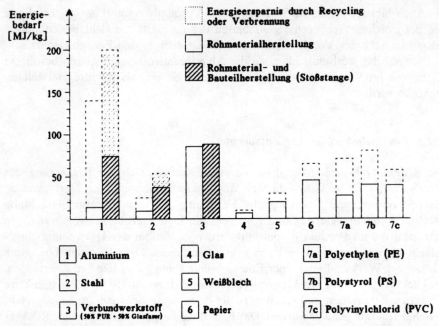

Abb. 3.3 Werte aus Abb.3.1 mit Berücksichtigung der Energierückgewinnung durch Recycling oder Verbrennung (nach /1,2,5,6/ und /7/)

Energie gegenüber der Primärerzeugung ein. Durch den Wegfall der Tonerdefabrikation und der Schmelzflußelektrolyse können 95 % des Energiebedarfs zur Herstellung von Primäralunimium eingespart werden. Der spezifische Energiebedarf von Sekundäraluminium würde folglich bei der Rohmaterialherstellung nur noch etwa 14 MJ/kg betragen. Zur Herstellung einer Stoßstange kämen dann, genau wie bei Primäraluminium, noch 60 MJ/kg dazu. Die Stahlherstellung aus Schrott benötigt etwa 36 % des Energieverbrauchs bei primärer Stahlerzeugung. Es ergibt sich somit für die Produktion einer Stahlstoßstange eine spezifische Energie von ungefähr 38 MJ/kg. Da eine Stoßstange aus Verbundwerkstoff nicht sekundär hergestellt werden kann, ändert sich an dem Energieverbrauch für die Verbundstoßstange nichts. Multipliziert mit den jeweiligen Gewichten ergeben sich folgende Energiewerte pro Stoßstange (Tab. 3.3).

Unterschieden sich die Herstellungsenergien bei der Verwendung von Primärwerkstoffen erheblich zugunsten des Faserverbundwerkstoffes, so erhält man beim Einsatz von Sekundärwerkstoffen etwa gleiche Energien. Bezieht man die Energieeinsparungen während des Gebrauchs mit ein, wird eine Stahlstoßstange uninteressant. Aber auch die Tatsache, daß der Verbundwerkstoff nicht wiederverwertbar ist und so das Deponievolumen nach dem Gebrauch vergrößern würde, sollte berücksichtigt werden.

Tabelle 3.3 Benötigter Energiebedarf für die Herstellung einer Stoßstange aus verschiedenen Sekundärwerkstoffen

Stoßstangen- material	Gewicht	spezifische Energie	Energie pro Stück
Aluminium (se- kundär)	2,9 kg	74 MJ/kg	214 MJ
Stahl (sekun- där)	5,3 kg	38 MJ/kg	201 MJ
Verbundwerk- stoff	2,4 kg	88 MJ/kg	220 MJ

Damit wäre Aluminium der umweltenergetisch günstigste Stoßstangenwerkstoff, sofern die Stoßstangen durch Zerlegen des Automobils einzeln und nicht als Gesamtautomobil wiederverwertet werden.

3.2.3 Ökologische Betrachtung

Produktion, Gebrauch und Entsorgung kosten nicht nur Energie, sondern verändern auch die Umwelt. Sie belasten die Luft, das Wasser und den Boden. Es ist deshalb wichtig, neben einer Energiebilanz auch die Verschmutzung der Luft und des Wassers sowie die festen Abfälle zu berücksichtigen. Man erhält damit eine Ökobilanz, in der alle Belastungen einzeln aufgeführt werden. Faßt man diese Angaben in den vier Gesamtwerten Energiemenge, Luftbelastung, Wasserbelastung und Deponievolumen zusammen, so ergibt sich ein Ökoprofil. Das Schweizer Bundesamt für Umwelt, Wald und Landschaft hat für Einwegpackstoffe eine Ökobilanzierung veröffentlicht. Abb. 3.4 zeigt die Ökoprofile für unterschiedliche Werkstoffe. Die Wasser- und Luftbelastungen werden in kritischen Wasser- bzw. Luftmengen angegeben. Diese kritischen Wasser- bzw. Luftmengen werden benötigt, damit der Schadstoffanteil im Wasser bzw. in der Luft nicht den gesetzlich festgelegten Grenzwert überschreitet. Der spezifische Energieäquivalenzwert setzt sich aus elektrischen und thermischen Energieanteilen zusammen. Dabei wird von verschiedenen Modellen zur Erzeugung von elektrischer Energie ausgegangen. Das theoretische Modell "hydro" geht von einer Stromproduktion nur durch Wasserkraft aus, die einen Wirkungsgrad von 90 % besitzt. Die Modelle "westliche Welt" und "UCPTE 88" (Union für die Koordination von Produktion und Transport von Elektrizität) stellen eine Kombination von thermischer, nuklearer hydraulischer und sonstiger Stromerzeugung dar. Damit ergeben sich für das "westliche Welt"-Modell ein mittlerer gewichteter Wirkungsgrad von 53 % und für das "UCPTE 88"-Modell ein Wirkungsgrad von 37.8 %. Außerdem wird für einige Werkstoffe der Einfluß

24

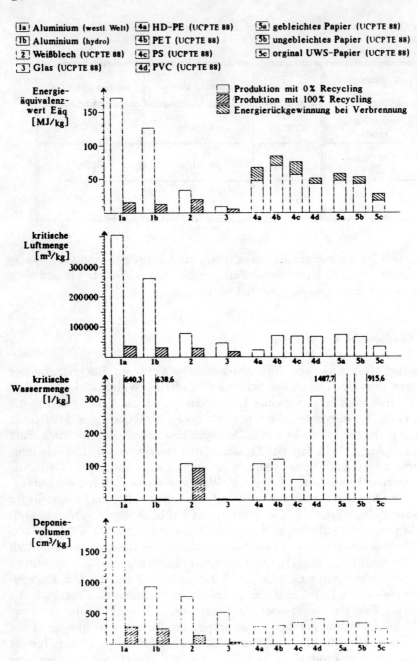

Abb. 3.4. Ökoprofile für Einwegpackstoffe, Stand 1990 (nach /2/)

des Recyclings dargestellt. Bei einer Steigerung des Recyclings von 0 auf 100 % sinken alle vier Vergleichswerte stark ab, wobei Glas immer die günstigsten spezifischen Werte besitzt, die es aber bei Einwegverpackungen aufgrund seines hohen Gewichtes wieder einbüßt. Unter den Papieren schneidet das Umweltschutzpapier am besten ab, wenn man davon absieht, daß es für manche Zwecke keine Alternative bietet, wie z. B. für den Vierfarbdruck. Die Ökoprofilwerte des Primäraluminiums, welches zu 72 % mit elektrischer Energie hergestellt wird, können deutlich durch eine bessere Ausnutzung des hohen Wirkungsgrads der Wasserkraftstromerzeugung gesenkt werden.

Ökoprofile stellen immer Vereinfachungen dar, so daß falsche Schlüsse aus ihnen gezogen werden können, wenn die entsprechenden Ökobilanzen nicht bekannt sind. Leider werden heutzutage noch zu wenig Ökobilanzen aufgestellt und davon ein noch geringerer Teil veröffentlicht. Für das Beispiel der Stoßstange konnte keine ökologische Betrachtung gefunden werden. Um aber Tendenzen aufzuzeigen, soll hier mit Hilfe der oben erwähnten Ökobilanz von Packstoffen ein ungefähres Ökoprofil für die Stoßstangenwerkstoffe aufgestellt werden. Die sich ergebenden Ökoprofile stellen somit nur eine sehr grobe Näherung dar. Die Werte der Aluminiumstoßstange werden aus den Werten der Aluminiumverpackung ermittelt. Bei der Stahlstoßstange ist auf das Verpackungsmaterial Weißblech zurückzugreifen.

Tabelle 3.4 Angenähertes Ökoprofil für die verschiedenen Stoßstangenwerkstoffe

Stoßstangen-material	Energie $E_{äq}$	krit. Luftmenge	krit. Wasser-menge	Deponievo-lumen
Aluminium (primär) Westl. Welt-Modell	670 MJ	$12 \cdot 10^6$ m^3	1 860 l	5 518 cm^3
Aluminium (primär) Hydro-Modell	540 MJ	$7.5 \cdot 10^6$ m^3	1 850 l	2 800 cm^3
Aluminium (sekundär) Westl. Welt-Modell	220 MJ	$1 \cdot 10^6$ m^3	6 l	815 cm^3
Stahl (primär)	290 MJ	$4 \cdot 10^6$ m^3	570 l	4 070 cm^3
Stahl (sekundär)	200 MJ	$1.5 \cdot 10^6$ m^3	495 l	720 cm^3
Verbundwerkstoff	220 MJ	$1.3 \cdot 10^6$ m^3	270 l	1 840 cm^3

Die Angaben des Verbundwerkstoffes aus Polyurethan und Glasfasern werden mit Hilfe der dokumentierten Kunststoffe abgeschätzt, wobei davon ausgegangen wird, daß der Verbundwerkstoff weder vollständig rezyklierbar noch verbrennbar ist. Die abgeschätzten Werte sind in Tab. 3.4 dargestellt.

Man erkennt deutlich die einzelnen Vorteile der unterschiedlichen Werkstoffe. Stoßstangen aus sekundär hergestelltem Aluminium belasten die Umwelt am wenigsten. Zudem erhält man durch die Gewichtsreduzierung eine Energieeinsparung von etwa 700 MJ, so daß Aluminium als der prädestinierte Werkstoff angesehen werden muß, obwohl bis heute die wenigsten Stoßstangen aus Aluminium hergestellt wurden. Wie die Entwicklung aber zeigt, setzt sich Aluminium in der Automobilindustrie immer mehr durch, was nicht zuletzt auf Energie- und Ökobilanzen zurückzuführen ist.

3.3 Schlußbetrachtung

Im Blick auf die Zukunft reicht es nicht aus, nur wirtschaftliche Interessen bei der Werkstoffwahl zu vertreten. Mit Hilfe von Energie- und vor allem Ökobilanzen sollte die umweltfreundlichste Variante bevorzugt werden. Deshalb ist es erstrebenswert, weitere Ökobilanzen und Ökoprofile zu erstellen, damit eindeutige Aussagen getroffen werden können.

Das Stoßstangenbeispiel hat verdeutlicht, daß bei jedem Schritt im Kreislauf der Werkstoffe Energie eingespart und Umweltbelastungen gesenkt werden können.

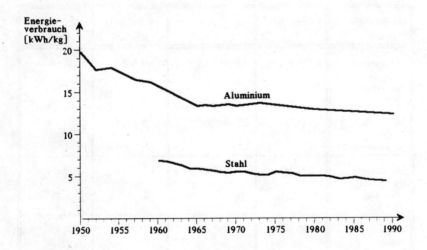

Abb. 3.5 Entwicklung des spezifischen Energieverbrauchs bei der primären Erzeugung von Aluminium und Stahl (nach /5/ und /9/)

Trotzdem kann weder durch die Verbrennung noch durch die Rohmaterial-
rückgewinnung der Kreislauf der Werkstoffe vollständig geschlossen werden. Es
müssen immer wieder Rohstoffe und vor allem Energie zugeführt werden.

Neue Techniken senken den Energiebedarf bei der Herstellung und der
Entsorgung. Abb. 3.5 zeigt die Entwicklung des spezifischen Energiebedarfs bei
der primären Erzeugung von Aluminium und Stahl von 1950 bis 1990. Der
Energieverbrauch bei der Aluminiumherstellung hat sich in diesem Zeitraum
um etwa 36 % verringert und liegt heute zwischen 13 und 14 kWh pro kg
Aluminium. Eine ähnliche Entwicklung weist auch die Stahlerzeugung auf. Für
ein kg Stahl wurden 1989 nur noch 55 kWh benötigt.

Bei der Erzeugung von elektrischer Energie kann mit Hilfe von Wasserkraft
ein Wirkungsgrad von 90 % erreicht werden. Andere Stromerzeugungsverfahren
haben im Durchschnitt nur einen Wirkungsgrad von 33 %. In Abb. 3.6. findet
man für die gesamte Welt im Jahre 1990 die mögliche und die genutzte elektrische Leistung aus Wasserkraft.

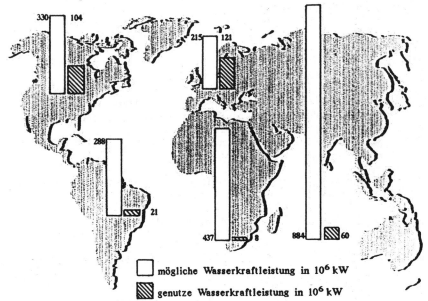

möglische Wasserkraftleistung in 10^6 kW

genutze Wasserkraftleistung in 10^6 kW

Abb. 3.6   Genutzte und mögliche elektrische Leistung aus Wasserkraft der Welt 1990 (nach
/5/)

In Europa wird die größte Menge der vorhandenen Wasserkraft wirklich genutzt. Auf den anderen Kontinenten besteht ein sehr großes ungenutztes Was-
serkraftpotential, was zur Erzeugung von Primäraluminium verwendet werden
könnte. Man sollte deshalb eine Aluminiumhütte in Gebieten ansiedeln, wo
Strom aus Wasserkraft gewonnen wird. Beispiele dafür sind Norwegen, die
Schweiz und Kanada.

Je höher der Prozentsatz des Recycling ist, desto mehr Energie kann bei der
sekundären Herstellung des Werkstoffes eingespart werden. Dabei ist wichtig,

28

daß der Abfall sortenrein getrennt wird. Hierzu müssen alle Produkte nach Werkstoffen gekennzeichnet sein. Könnte man alle Kunststoffe sortieren, so würde es sich auch bei dieser Werkstoffgruppe lohnen, Recycling zu betreiben. Dabei fallen Werkstoffverbunde aus dem Rahmen. Das Zerlegen in ihre einzelnen Komponenten kostet meist so viel Energie, das ein Rezyklieren nicht sinnvoll ist. Aber nicht nur Verbunde, sondern auch Werkstoffpaarungen erschweren die Wiederverwertung. Ein gutes Beispiel dafür sind die Einwegverpackungen für eine Portion Kaffeesahne, bei der ein Kunststoffbehälter (meist PS) mit einer Aluminiumfolie luftdicht verschlossen wird. Beim Öffnen reißt nur ein kleiner Teil der Aluminiumfolie ab. Der größere Teil bleibt an dem Polystyrolbecher fest haften, so daß ein leichtes Recycling weder des Aluminiums noch des Kunststoffes erfolgen kann. Es wäre sinnvoller, Becher und Folie aus einem Material herzustellen. Eine Vermeidung dieses Produktes wäre natürlich, wie in den meisten Fällen, die umweltfreundlichste Lösung.

3.4 Literatur

/1/   G. Menges, Recycling von Kunststoffen, Carl Hanser Verlag, München, Wien 1992

/2/   Bundesamt für Umwelt, Wald und Landschaft, Ökobilanz von Packstoffen, Stand 1990, BUWAL-Schriftreihe Umwelt Nr. 132, Bern, Feb. 1991

/3/   Marina Franke, Umweltauswirkungen durch Getränkeverpackungen, E. F.-Verlag für Energie-und Umwelttechnik GmbH, Berlin 1984

/4/   E. Hornbogen, Werkstoffe: Aufbau und Eigenschaften von Keramik, Metallen, Polymer- und Verbundwerkstoffen, Springer-Verlag 1991

/5/   European Aluminium Association, Aluminium in Europe: Energy, Aluminium-Zentrale, Düsseldorf 1992

/6/   C. R. Fussler, B. Krummenacher, Ecobalances: a key to better environmental material choices in automobile design, Materials & Design, Vol.12 No.3 June 1991, S. 123 - 128

/7/   S. M. Lee, T. Jonas and G. DiSalvo, The beneficial energy and environmental impact of composite materials - an unexpected bonus, SAMPE Journal, Vol.27 No.2 March/-April 1991, S. 19 - 25

/8/   Paul W. Gilgen, Aluminium in der Kreislaufwirtschaft, Erzmetall 44 (1991) Nr. 6, S. 293 - 302

/9/   H. M. Aichinger, G. W. Hoffmann, M. Seeger, Rationelle und umweltverträgliche Energienutzung in der Stahlindustrie der Bundesrepublik Deutschland, Stahl und Eisen 111 (1991) Nr. 4, S. 43 - 51

/10/   Umweltbundesamt, Daten zur Umwelt 1988/89, Bonn 1989

/11/   N. Jung, Umweltentlastung dank Leichtbauweise und Recycling, Plastverarbeiter 18. Jahrgang 1991 Nr. 7, S. 26 - 29

/12/   Ökologische Argumente für die Aluminiumverwendung im Automobil, Ingenieur-Werkstoffe $\underline{3}$ (1991) Nr. 6, S. 15 - 17

/13/   J. Spaas, Für eine Politik des Recyclings von NE-Metallen, Metall, 45. Jahrgang, Heft 9, September 1991, S. 914 - 916

4 Kreislauf der Metalle - Eisen und Stahl

Petra Donner

4.1 Einleitung

Die Befolgung des Prinzips geschlossener Materialkreisläufe hat im Bereich der Eisen- und Stahlindustrie bereits eine längere Tradition, wenn auch ursprünglich sicherlich eher ökonomische als ökologische Gründe hierfür ausschlaggebend waren.

Einhergehend mit dem ständig sinkenden Energieverbrauch bei der Stahlproduktion durch Verfahrensoptimierungen bei der Rohstahlerzeugung und Nutzung neuer Herstellungsmethoden, wurden auch neue Techniken der Rückgewinnung entwickelt und Kuppelenergien (Energiekreisläufe) verstärkt genutzt. D.h., neben einer Ressourcenschonung nahm auch verstärkt der Gesichtspunkt einer Abfall- und Emissionsvermeidung an Bedeutung zu. Heute entfallen in der deutschen Stahlindustrie pro Tonne Rohstahl fünfzig DM an Kosten für den Umweltschutz /1/.

Der Wiedereinsatz von Schrott zur Stahlerzeugung hilft Erze und Primärenergieerzeuger (Kokskohle) einzusparen. So wird für das Einschmelzen von Schrott im Vergleich zur Gewinnung aus Erz ca. 60 % weniger Primärenergie benötigt. Zudem können durch verringerten Abbau Rohstoffressourcen erhalten bleiben; z.B. mußten 1989 für die Weltrohstahlerzeugung rund 708 Mio t Eisenerze aufgrund eines Schmelzeinsatzes von 425 Mio t Schrott nicht abgebaut werden /2/.

Grundvoraussetzung für einen geschlossenen Stoffkreislauf von Eisen und Stahl ist die gezielte Sammlung und Aufbereitung verschiedenster Schrotte, um deren Einsatz effektiv gestalten zu können.

Demgemäß sollen im folgenden hauptsächlich verschiedenste Aspekte der Schrott-Recycling-Wirtschaft betrachtet werden. Darüber hinaus wird auch auf Abfall- und Emissionsvermeidungsstrategien eingegangen.

4.2 Schrottentfall und Schrottverbrauch

In unregelmäßigen Abständen wird die Entwicklung auf dem Weltschrottmarkt von der United Nations Economic Commission for Europe (UN/ECE) stati-

stisch erfaßt, um die Bedeutung und den Einfluß des Eisen- und Stahlschrottver-
brauchs auf die weitere Entwicklung der Eisen- und Stahlindustrien abschätzen
zu können. In diesen Berichten, die für Schrotthändler wie Schrottverbraucher
gleichermaßen interessant sind, werden hauptsächlich die Aspekte
- Entwicklungstendenzen der Weltrohstahlerzeugung
- Rohstoffe für die Stahlerzeugung
- Entwicklungstendenzen in der Schrottverfügbarkeit
- Entwicklungstendenzen beim Schrottverbrauch
behandelt.

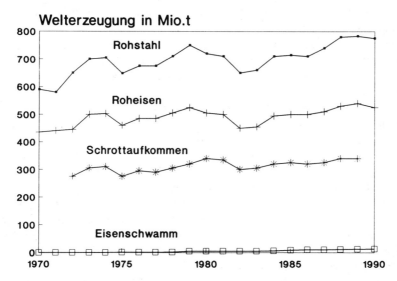

Abb. 4.1 Rohstahl und Roheisenerzeugung im Vergleich zum Schrottaufkommen /2/

Abb. 4.1 verdeutlicht z. B. Schrottaufkommen und Rohstahlproduktion in
ihrer mengenmäßigen Entwicklung seit 1970.
Die zusammengestellte weltweite Schrottbilanz ist keineswegs als vollständig
anzusehen, da die einzelnen Länder z. Zt. noch unterschiedliche Angabekrite-
rien befolgen. So wird länderweise die Gießereiindustrie bzgl. Schrottaufkommen und -verbrauch entweder eingerechnet oder auch ausgeklammert. Auch ist
es nicht möglich, jede Sammelstelle für Altschrott zu erfassen, so daß dem in
Abb. 4.1 dargestellten Schrottaufkommen sicherlich noch einige Mio t hinzuzu-
fügen sind.
Als mittlerer Schrottsatz läßt sich für den Verbrauch bei der Weltrohstahlerzeugung ein aktueller Wert von 400 kg/t flüssiger Rohstahl angeben. Dabei
muß berücksichtigt werden, daß der Schrottsatz je nach Stahlerzeugungsver-
fahren differiert. Während bei der Erschmelzung im Elektrolichtbogenofen der
angegebene Wert mindestens erreicht wird, tritt bei der Erzeugung von Stahl im
Sauerstoffblasverfahren ein relativ geringer Schrottsatz (in der BRD 175 kg/t
fl.Rst) auf. Allerdings wird hier Schrott nicht nur als Einsatz, sondern auch als

Kühlmittel zugeführt. Nur diese beiden Verfahren spielen bei der Betrachtung eine Rolle, da anzunehmen ist, daß bis zum Jahr 2000 die Siemens-Martin-Stahlerzeugung weltweit ausläuft.

Darüber hinaus wird kleinstückiger Schrott in zunehmendem Maße auch in den Stahlwerken zur Pfannenkühlung eingesetzt.

4.3 Schrottarten

Es ist zwischen Produktionsschrott (Neuschrott) und Konsumschrott (Altschrott) zu unterscheiden.

Der Produktionsschrott wird, da er direkt in den Hüttenwerken und verarbeitenden Betrieben (Gießereien, Stahlwerke) anfällt, auch als Eigenschrott bezeichnet. Dieser ist seit einigen Jahren rückläufig, was vor allem auf verbesserte Verfahrenstechniken zurückzuführen ist. Wichtigster Aspekt hierbei ist sicherlich der ständig steigende Stranggußanteil bei der Stahlerzeugung, der weltweit 60% und in der BRD sogar 90% beträgt. Durch kontinuierliche Gieß-/Walzproduktion entfallen Zwischenschritte, die jeweils einen Materialverlust bedingen. Die ständige Weiterentwicklung in Richtung endabmessungsnaher Gießverfahren deutet auf ein weiteres Sinken des Eigenschrottanteils hin.

Typisches Kreislaufmaterial in Gießereien sind Steiger, Eingüsse und Eigenbruch (Fehlgüsse aus eigener Gießerei). Bei der Stahlverarbeitung (Walzen, Ziehen, Formen) anfallende Anschnitte und Späne werden ebenfalls wiedereingeschmolzen. Dabei ist zu beachten, daß nur durch eine scharfe Trennung der Sorten im Werksumlauf die Produktion hochwertiger Eisen- und Stahllegierungen mit Schrottanteilen möglich ist.

Die Kenntnis um die genaue Zusammensetzung des Produktionsentfall- bzw. Neuschrotts entbindet allerdings nicht von der Notwendigkeit einer weiteren Schrottaufbereitung für die Schmelze, d.h. Steigerung des Eiseninhalts (z.B. Entschwefelung des Gusses in einem Vorherd).

Neben der Nutzung des Eigenschrottentfalls wird zudem Zukaufschrott eingesetzt. Dieser besteht entweder ebenfalls aus Neuschrott, der in anderen Betrieben angefallen ist und paketweise vertrieben wird, oder aus Konsumschrott (Altschrott), der zur Zeit ungefähr zwei Drittel des bei der Rohstahlproduktion eingesetzten Eisenmülls ausmacht. So liegt der Altschrottanteil in deutschen Hüttenwerken seit 1986 annähernd konstant bei 7,4 Mio t/a, trotz leicht gesunkener Rohstahlproduktion im gleichen Zeitraum /3/.

Der Alt- oder Konsumschrott kann bestehen aus:
- Abbruch- und Abwrackschrott
- Maschinenschrott
- Automobilschrott und
- Müllschrott /4/.

Von diesen verschiedenartigen Sorten erlangt, neben dem Automobilschrott, der Müllschrott immer größere Bedeutung - und dies, obwohl seine Aufbereitung einen hohen Aufwand erfordert.

Da der Müllschrott wiederum aus unterschiedlichen Sparten anfällt, und zwar als
- Baumüll- und Gewerbeschrott
- Hausgeräteschrott oder
- Verpackungsschrott,

sind an erster Stelle effiziente Separationstechniken erforderlich. Neben einer Handsortierung, bei der größere Kunststoff- (Verkleidungen) oder Buntmetallanteile (Kabelbäume) demontiert werden, erweist sich vor allem die magnetische Eigenschaft des Eisens zur weiteren Vorsortierung als hilfreich.

Die Aufbereitung von z.B. Automobilschrott erfolgt in Schredderanlagen (44 in der BRD), in denen das Eingangsmaterial in ungefähr faustgroße Stücke (Stückgröße 3 bis 25 cm) zerhämmert wird. Eisen- und Stahlbestandteile werden anschließend mit Hilfe großer Hubmagnete aus dem geschredderten Material separiert und über den Schrotthandel in Gießereien und Stahlwerken wieder eingesetzt.

Tabelle 4.1 Zusammensetzung verschiedener Schrottsorten /5/

Element	Anteile in % in Schrottart						
	A	B	C	C	D	E	F
Mn	0,76	0,79	0,83	0,88	0,52	1,21	0,53
P	0,028	0,035	0,090	0,083	0,052	0,052	0,081
S	0,040	0,043	0,103	0,122	0,060	0,088	0,176
$SiO_2^{1)}$	1,01	1,27	4,08	2,35	1,09	3,26	6,37
$TiO_2^{1)}$	0,04	0,05	0,16	0,09	0,04	0,18	0,25
CaO	0,61	1,69	5,22	4,41	1,34	4,32	7,46
MgO	0,24	0,35	0,69	0,78		0,19	0,65
$Al_2O_3^{1)}$	0,64	0,62	1,74	0,83	0,66	1,09	2,85
$Fe_{ges.}$	96,15	94,22	85,05	88,81	95,32	85,90	78,72

$^{1)}$ Berechnet z. B. aus Si_{met} und SiO_2. - $^{2)}$ Zweimal analysiert.

A = Produktionsentfallschrott   D = Shredder   F = schwarze Abfälle
B = Neuschrott   E = Späne
C = schwerer Industrie- und Konstruktionsschrott

Wie Tabelle 4.1 zeigt, ist der Grad der Verunreinigung bei den Altschrotten erheblich größer als in Neu- oder Produktionsschrott. Ohne weitere Aufbereitung liegt der Eisenanteil bei Abwrack- und Maschinenschrott unter 90%. Nur der Schreddermüll weist mit 95,32 % Eisengehalt einen höheren Wert auf. Dies ist verfahrensbedingt, denn während der mechanischen Aufbereitung kommt es zu einem Abplatzen und Abtrennen von Oxidschichten und Nichteisenmetallen an den Oberflächen des Schreddermaterials (betrifft besonders das Schreddern von Müllverbrennungs- und Müllseparationsschrott).

Bei der Automobilverwertung werden leichte Kunststoffe, Abfall und Staub in einer Windsichtung des geschredderten Materials am Rotor und an der Separiertrommel abgesaugt (Schredderleichtmüll). Danach schließt sich die magnetische Separierung an, bei der NE-Metalle, nichtmagnetischer Stahl und andere Werkstoffe (z.B. Gummi) als Reststoffe verbleiben. Diese werden auf Sortierbändern weitertransportiert und in Schwimm-Sinkanlagen nach dem Schwerkraftprinzip ausgesondert (Schreddergrobmüll). Aufgrund dieser gezielten physikalischen Schrottaufbereitung steht mit dem Stahlschrott aus Schreddern ein hochwertiges Material mit geringen Kupferanteilen (< 0.15 Gew%) zur Verfügung, das zudem sehr gut handhabbar ist.

Die Ausbringrate für Eisenschrott in einer Automobil-Schredderanlage betrug 1990 69 % /6/. Diese Menge entspricht nahezu dem derzeitig in einem Automobil eingebauten Stahl- und Eisenanteil (siehe Abb. 8.1), so daß sich für die Fe-haltigen Werkstoffe in diesem Produkt ein annähernd geschlossener Kreislauf ergibt.

4.4 Schrottaufbereitung beschichteter Stähle

Nicht nur Kupfer (Cu), sondern auch Zinn (Sn) sollte in Altschrottpaketen möglichst vermieden werden , da diese Elemente beim Wiedereinschmelzen in der Stahlschmelze verbleiben (nicht separierbar) und über eine Gefügebeeinflussung letztendlich eine Eigenschaftsverschlechterung bewirken.

Im Falle Sn-beschichteter Stähle handelt es sich hauptsächlich um Weißbleche, die zum großen Teil als Konserven oder Getränkedosen in der Lebensmittelindustrie Verwendung finden. Eine getrennte Sammlung dieser Produkte nach ihrer Nutzung (Müllseparationsschrott) ermöglicht die gezielte Aufarbeitung verzinnten Materials.

Nach einer reinigenden Aufbereitung (physikalisch durch Schreddern, hierbei verringert sich bereits der Zinngehalt durch Aufplatzen der Beschichtung, und chemisch durch Entlackungsbäder) erfolgt die Entzinnung z.B. alkalisch-oxidierend nach dem Goldschmidt-Verfahren.

Hierbei wird der Weißblechschrott zuerst, unter Hinzufügen eines Oxidationsmittels, in einem Natronlaugebad bei ca. 100 °C entzinnt. Die sich mit Zinn anreichernde Lauge wird aus dem Bad abgepumpt und von darin gelösten anderen Metallen wie z.B. Blei (Lötstellen) durch Ausfällen gereinigt. Im Anschluß daran erfolgt eine elektrolytische Behandlung der Lauge, bei der das

Zinn durch Anlegen einer elektrischen Spannung abgeschieden wird. Der Reinheitsgrad des so zurückgewonnenen Zinns beträgt mindestens 99 Prozent.

Tabelle 4.2 Sn-Gehalte im Schrott vor und nach der Enzinnung (Goldschmidt-Verfahren)/6/

Herkunft	Vorbehandlung	Zinngehalte in %	
		vor	nach
		Entzinnung	
grüne Tonne	paketiert	0,26	-
Müllseparation	paketiert	0,21	-
Müllseparation	geshreddert	0,21	-
Müllseparation	geshreddert	0,29	0,060
Müllseparation	geshreddert	0,32	0,014
Neuschrott	keine	rd. 0,40	0,142

Die Ausbringrate und der verfahrenstechnische Aufwand zeigen für Neuschrott eine günstigere Bilanzierung als der Müllseparationsschrott. Nichtsdestotrotz zeigt Tabelle 4.2, daß eine vollständige Entzinnung des Materials, sei es Müllseparations- oder Neuschrott, in den meisten Fällen nicht möglich ist. Bei Wiedereinsatz im Stahlwerk muß entsprechend hinzulegiert werden.

Um ein nahezu vollständiges Weißblechrecycling zu ermöglichen, haben die führenden Unternehmen der Weißblechindustrie, der Schrottwirtschaft und der Stahlindustrie eine gegenseitige Selbstverpflichtungserklärung vereinbart. Neben einer Weiterentwicklung der Herstellungs- (Einsparung von Ressourcen) und Aufbereitungstechniken (Müllschrotteinsatz) kann eine einheitliche Produktgestaltung das Recycling wesentlich effektiver gestalten. Zu nennen wäre hier der Wegfall der Aluminiumaufreißdeckel bei den Getränkedosen und deren Ersatz durch einteilige Stahldeckel mit integriertem Verschluß.

Ein weiteres großes Einsatzgebiet beschichteter Stähle liegt im Automobilbau, und zwar bei der Verwendung verzinkter Bleche. Zinkhaltiger Schrott wird im Gegensatz zum Weißblech nicht aus dem Altschrott separiert, da sich Zink beim Wiedereinschmelzen aufgrund seiner niedrigen Siedetemperatur von 907°C aus der Schmelze verflüchtigt und in den Stahlwerksstäuben niederschlägt.

Demzufolge geschieht die Rückgewinnung des Zinks über eine Aufbereitung der Hüttenwerksstäube, deren Zinkgehalte bei hohem Schrotteinsatz im E-Ofen zwischen 20 und 30 Prozent betragen. Die Stäube werden von der NE-Hüttenindustrie in Wälzprozessen unter Oxidation des Zinks auf über 50 Prozent angereichert. Nach weiterer Aufbereitung des Wälzoxids schließt sich ein Verhüttungsprozeß an /7/. Das Zink kann somit in Primärqualität zurückgewonnen werden. Abb. 4.2 zeigt den Kreislauf von Zink in Verbindung mit Stahl und Eisen, bei dem inzwischen 200.000 Jahrestonnen Zink weltweit aus Filterstäuben recycelt werden können.

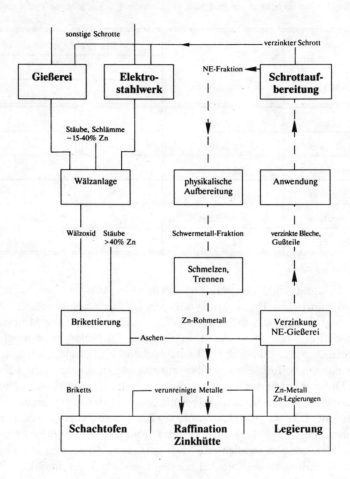

Abb. 4.2 Zinkkreislauf in Verbindung mit Stahl und Eisen /7/

Schwierig gestaltet sich hierbei die Aufbereitung der Stäube, die im LD-Stahlwerk, d. h. beim Sauerstoffblasverfahren anfallen, da diese weitaus geringere Zinkkonzentrationen aufweisen. Hier können höhere Konzentrationen durch einen Wiedereinsatz des Staubes durch Einblasen oder nach der Brikettierung (Pellets) erzielt werden. Die Wirtschaftlichkeit dieser Rezirkulation stößt jedoch sehr schnell an ihre Grenzen, so daß auch andere Aufbereitungsverfahren für LD-Stäube und -Schlämme in Betracht gezogen werden müssen.

Neben dem Element Zink kann auch Blei, das ebenfalls einen niedrigen Siedepunkt besitzt, aus Stahlwerksstäuben und -schlämmen zurückgewonnen werden.

4.5 Abfall- und Emissionsvermeidung

Die ständige Weiterentwicklung auf dem Gebiet der Verfahrenstechnologie hat besonders in den Bereichen Energieverbrauch (siehe auch Kap. 3) und Emissionsvermeidung zu Verbesserungen geführt. Die unter 4. angesprochenen Stäube werden in Absaug- und Filtereinrichtungen aufgefangen, so daß die Staubemissionen (Luftreinhaltung) ständig gesenkt werden konnten (Abb. 4.3).

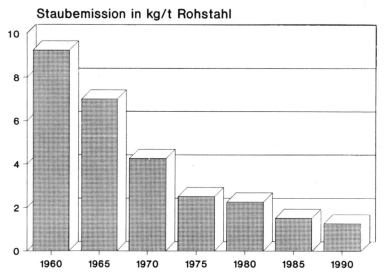

Abb. 4.3 Verringerung der Staubemission bei der Stahlerzeugung /3/

Die bei der Roheisen- und Stahlherstellung anfallenden Schlacken (künstliche mineralische Gesteine) können zu einem großen Prozentsatz als Baustoffe beim Straßenbau oder als Rohstoff bei der Zementherstellung eingesetzt werden (siehe auch Kap. 11). Ebenso wie bei den Staubemissionen war es möglich, den Schlackenentfall in den vergangenen Jahrzehnten kontinuierlich (bis auf rund 370 kg/Tonne Rohstahl) zu senken /1/.

Die Aufbereitung von Gießereisand stellt ebenfalls kein technischen Problem dar und wird z. B. von Firmen der Berzelius-Gruppe in großtechnischem Maßstab betrieben. Schwierigkeiten bereitet hierbei eher die Infrastruktur, d. h. die Möglichkeit und Bereitschaft kleiner Gießereien, diesen Aufwand u. a. auch finanziell zu tragen. Eine Erhöhung der Deponiekosten für derartigen Sondermüll - dies gilt auch für Stahlwerksstäube und -schlämme - wird hier eventuell in Zukunft zur Entscheidungsfindung beitragen.

Ein weiterer wichtiger Hilfsstoff in der Stahlproduktion ist das Wasser, das z. B. zum Kühlen oder für die Abgasreinigung benötigt wird. Die Wahl wasserwirtschaftlich günstiger Standorte und eine Kreislaufführung mit Mehrstufennutzung ermöglicht es inzwischen, den Anteil an Frischwassernutzung pro Tonne Rohstahl auf 3 - 5 % des Wassergebrauchs zu beschränken /1/.

4.6 Schlußfolgerungen

Aus metallurgischer Sicht ist ein vollständiger Eisen- und Stahlkreislauf durchführbar. Voraussetzung hierfür sind effiziente Schrottsortier- bzw. Schrottaufbereitungsverfahren und eine umfassende Behandlung und Nutzung der Hilfs- und Reststoffe.

Weitergehende Entwicklungen in dieser Richtung, soweit ökonomisch und ökologisch sinnvoll, könnten zukünftig einen annähernd geschlossenen Werkstoffkreislauf ermöglichen.

4.7 Literatur

/1/   Stahl - Werkstoff für unsere Umwelt, Broschüre der Wirtschaftsvereinigung Stahl, Stahlinformationszentrum Düsseldorf, 1992

/2/   Hans Wilhelm Kreutzer, Schrottentfall und Schrottverbrauch für die Eisen- und Stahlherstellung in der Welt, in: Stahl und Eisen 112 (1992) Nr. 5, S. 65 - 69

/3/   Industriemagazin, Verlagsbeilage, Report III, Mai 1991

/4/   Recycling von Müllschrott: Die Wiederverwertung gebrauchter Weißblechdosen, Broschüre des Informations-Zentrum Weißblech e. V., Düsseldorf 1990

/5/   Erich Höffken et al., Chemische Zusammensetzung und Verwendung von aufbereitetem Schrott, in: Stahl und Eisen 108 (1988) Nr. 17, S. 801 - 806

/6/   Wolfgang Ulrich und Helmut Schicks, Aspekte zum Recycling von metallisch beschichtetem Stahl, in: Stahl und Eisen 111 (1991) Nr. 11, S. 85 - 92

/7/   M. Pötzschke, Gebrauchsgüter als komplexe Rohstoffquelle - Werterhaltende Stoffkreisläufe der Metalle aus Sicht der Rohstoffwirtschaft, VDI-Berichte 906, S. 65, VDI-Verlag Düsseldorf 1991

5 Kreislauf der Nichteisenmetalle

A. Baer, H. Haddenhorst

5.1 Nichteisenmetalle

Die Werkstoffgruppe der Nichteisenmetalle umfaßt vier Untergruppen: die
Leicht-, Bunt-, Schwer- und Edelmetalle. Die bekanntesten Vertreter dieser
Gruppen sind für die Leichtmetalle Magnesium, Aluminium und Titan, für die
Buntmetalle Kupfer, Zinn und Nickel, für die Schwermetalle Blei und Cadmium
und für die Edelmetalle Gold, Platin und Rhodium. Die Bedeutung dieser
Werkstoffe ist in den letzten Jahren ständig gestiegen.

Tabelle 5.1 zeigt, daß der Verbrauch von Nichteisenmetallen im Vergleich
zum Eisen relativ gering ist. Betrachtet man die Recyclingraten der einzelnen
Metalle im Vergleich zu ihrem Rohstoffwert, so läßt sich für 1983 erkennen,
daß keineswegs die wertvollsten Metalle die höchsten Recyclingraten aufweisen.

Stellvertretend für alle Nichteisenmetalle sollen hier die Recyclingaspekte des
Leichtmetalls Aluminium, des Buntmetalls Kupfer, des Schwermetalls Blei und
des Edelmetalls Platin betrachtet werden.

Tabelle 5.1 Anteil von aus Alt- und Abfallmaterialien rückgewonnenen Metallen am Gesamtverbrauch von Metallen in der westlichen Welt im Jahr 1983 /1/

| | Verbrauch 1983 10^6t | davon aus Alt- oder Abfallmaterial | | Preis 1983 |
		10^6t	%	DM/100kg
Fe (Stahl)	650,8	190	29,2	
Al	16,35	4,37	26,7	370
Cu	9,23	3,71	40,2	411
Zn	5,42	1,36	25,1	196
Pb	3,99	1,75	43,9	108
Sn	0,18	0,03	16,7	3638

5.1.1 Wirtschaftliche Bedeutung des Aluminiums

Aluminium wird bevorzugt wegen seines geringen spezifischen Gewichtes und
seiner Korrosionsbeständigkeit verwendet. Aluminium ist gut kalt- und warm-

umformbar, gut schweiß- und schmiedbar und weist eine hohe Leitfähigkeit für Strom und Wärme auf.

1990 wurden in der Bundesrepublik Deutschland 1.259.000 Tonnen Rohaluminium produziert. 35 % des Aluminiumbedarfs wurden aus Sekundäraluminium gedeckt. Das benötigte Primäraluminium wird zum größten Teil importiert. Der Energieaufwand bei der Aufarbeitung von Sekundäraluminium liegt bis zu 95 % niedriger als der zur primären Aluminiumherstellung.

5.1.2 Wirtschaftliche Bedeutung des Kupfers

Kupfer wird vorwiegend in der Elektrotechnik und in der Sanitärtechnik verwendet. Kupfer weist eine hohe thermische und elektrische Leitfähigkeit auf und ist sehr korrosionsbeständig.

Kupfer kommt in der Natur vorwiegend in sulfidischer Form vor. Die bedeutensten Erze sind die Doppelsulfide: Kupferkies und Buntkupferkies. Lieferländer sind Chile, USA, Kanada, Zaire und Zimbabwe. Da viele Erze weniger als 5 % Kupfer enthalten, werden sie durch Flotation angereichert. Heute liegt der minimale abbauwürdige Kupfergehalt bei 0,36%. Der Energieverbrauch je Tonne erzeugten Kupfers liegt je nach dem Kupfergehalt im Erz zwischen 90 und 120 GJ. Die Energieeinsparung durch Recycling beträgt abhängig von der Qualität der Schrotte zwischen 80 und 92 % /2/.

5.1.3 Wirtschaftliche Bedeutung des Bleis

Weltweit werden jährlich etwa 5,5 Millionen Tonnen Blei verwendet, woran die alten Bundesländer im Jahre 1990 einen Anteil von 367.000 Tonnen besaßen.

Die größten Bleiverbraucher sind die Batteriehersteller, die ca 50% des Bleis verarbeiteten, wovon wiederum 80% für Starterbatterien eingesetzt wurden. Die übrigen 20% flossen in die Produktion von Antriebs- und ortsfesten Industriebatterien sowie wartungsfreien geschlossenen Batterien.

Die Hälfte des Bleiverbrauchs, der sich in den letzten 10 Jahren in der Bundesrepublik kaum noch veränderte, wird aus Sekundärblei gedeckt, das hauptsächlich aus Bleibatterien und Bleimantelkabeln stammt. Der größte Teil des Primärbleis wird importiert, Tabelle 2 zeigt die Weltproduktion an Primärblei im Jahr 1980 /3/.

Tabelle 5.2 Die Weltproduktion von Primärblei im Jahre 1980 [1000t]

UdSSR	USA	Australien	Kanada	Peru	China	Mexiko	BRD
580	563	398	297	189	160	146	19

5.1.4 Wirtschaftliche Bedeutung des Platins

Platin wird hauptsächlich für Katalysatoren verwendet, sowohl für Automobile als auch für die chemische Industrie. 1988 wurden die weltweiten Vorkommen auf etwa 30.000 t geschätzt. In der Bundesrepublik wurden zwischen dem 1.7.1985 und 1.1.1989 knapp 2 Millionen KFZ mit einem Katalysator ausgerüstet. Darin waren 3 t Platin und 0,6 t Rhodium gebunden.

Edelmetalle aus dem Recycling stellen einen wichtigen Kalkulationsfaktor dar, der Kursrisiken bei stark schwankenden Notierungen an den Edelmetallbörsen mindern hilft.

5.2 Recycling von Nichteisenmetallen

5.2.1 Materialquellen für das Aluminiumrecycling

Man unterscheidet Neu- und Altschrotte. Neuschrotte fallen bei fast allen Fertigungsprozessen, z. B. als Späne oder Krätze an und stehen dem Materialkreislauf kurzfristig wieder zur Verfügung. Sie machen etwa 65% des Schrotteinsatzmaterials aus.

Im Unterschied dazu ist die Rücklaufzeit für Altschrotte sehr unterschiedlich, abhängig von ihrer Herkunft. Für Verpackungen liegt sie in der Größenordnung von Wochen oder Monaten. Aluminium, das im Bau- oder Verkehrswesen verwendet wird, steht hingegen erst nach Jahrzehnten wieder zur Verfügung. Tabelle 5.3 zeigt die Recyclingraten des Aluminiums für die einzelnen Schrottquellen.

Es muß sichergestellt werden, daß Schrotte aus Guß- und Knetlegierungen während des Sammelns nicht gemischt werden, da dies zu unbrauchbarem Einsatzmaterial führt.

Tabelle 5.3 Recyclingraten für Aluminium in verschiedenen Anwendungsfeldern

Prozeßschrott	Verkehr	Bau	Elektroindustrie Maschinenbau
100 %	90 %	85 %	80 %

5.2.2 Der Recyclingprozeß für Aluminium

Das eintreffende Material wird zunächst bemustert, um den gewinnbaren Aluminiumanteil festzustellen. Anschließend werden zur genauen Bestimmung des Inhalts und des Umschmelzverhaltens aus der Fraktion Proben genommen und unter definierten Bedingungen eingeschmolzen. Die gewonnen Werte dienen einerseits der Verrechnung mit dem Lieferanten und andererseits für den weiteren Verarbeitungsprozeß.

Altschrotte fallen häufig nicht sortenrein an und werden einem Aufbereitungsprozeß zugeführt. Es kommen mechanische und thermische Trennverfahren zum Einsatz um unerwünschte Stoffe, die den Schmelzprozeß negativ beeinflussen oder zu schädlichen Emissionen führen würden, zu entfernen.

Aus den Schrotten werden Chargen zusammengestellt. Eine Charge kann aus verschiedenen Fraktionen bestehen, wenn dadurch eine verkaufsfähige Legierung entsteht. Steht die Chargierung fest, erhält der Produktionsbetrieb die Gießanweisung, aufgrund derer der Fahrplan für die Schmelzöfen bestimmt wird.

Das für den Schmelzprozeß übliche Umschmelzaggregat ist der Salztrommelofen oder der Drehrohrofen. Im Salztrommelofen wird der Schrott unter einer flüssigen Salzdecke (NaCl + KaCl + ...F) eingeschmolzen, wobei das Salz die Oxidation des Aluminiums verhindern und metallische Anhaftungen binden soll. Durch die Drehung wird die Durchmischung sichergestellt. Durch den Dichteunterschied zwischen Aluminium und Salz entsteht im Ofen eine Schichtung. Am Ende des Schmelzprozesses wird zuerst das Aluminium abgelassen und in einen Halteofen gebracht. Das Salz wird wiederaufgearbeitet. Es gibt noch einige weitere Ofenbauarten, die sich jedoch nur für bestimmte Schrotte eignen.

Im Halteofen wird der Schmelze zunächst nochmals eine Probe zur Schnellanalyse entnommen. Anschließend wird ein Legierungselement oder reineres Aluminium zugegeben, um die gewünschte Zusammensetzung zu erreichen. Die Schmelze wird dann nochmals gereinigt, indem sie durch Einleiten von Gasen wie z.B. Chlor und Stickstoff von Oxiden oder freiem Wasserstoff befreit wird.

5.2.3 Materialquellen für das Kupferrecycling

Analog wie beim Aluminium gibt es unterschiedliche Quellen für das Kupferrecycling. Altschrotte sind gekennzeichnet durch eine unterschiedliche Herkunft und Zusammensetzung, wobei die Komplexität der Materialien über deren Wiederverwertbarkeit entscheidet.

Tabelle 5.4 Rücklaufzeiten von Kupfer aus kupferhaltigen Produkten /4/

Herkunft des Schrotts	Rücklaufzeit
Kraftfahrzeuge	8-10 Jahre
Elektromotore	10-12 Jahre
Kabel	30-40 Jahre
Gebäude	60-80 Jahre

Die stark abweichenden Rücklaufzeiten für Kupfer aus verschiedenen kupferhaltigen Produkten zeigt Tabelle 5.4.

Verwendet man die klassische Recyclingrate, ergibt sich für Cu eine Quote
von 40%. Dabei bleibt jedoch unberücksichtigt, daß in der Vergangenheit
weniger Kupfer verwendet wurde. Nimmt man eine durchschnittliche Nutzungszeit von 33 Jahren an und bezieht die Altmaterialmenge auf die Produktion vor
33 Jahren, erhält man eine Recyclingrate von 80%.

5.2.4 Der Recyclingprozeß für Kupfer

Ebenso wie Aluminiumschrotte müssen Kupferschrotte zunächst sortiert und
aufbereitet werden. Alte Kabel werden kryotechnisch behandelt. Bei niedriger
Temperatur verspröden die das Kupfer umgebenden Polymere und platzen
glasartig ab. Elektronikbauteile und Leiterplatten müssen gesondert aufgearbei-
tet werden. Die Schrottbewertung erfolgt analog zu der des Aluminiums.

Im Mittelpunkt steht bei der Wiedergewinnung die pyrometallurgische Ver-
hüttung. Die Schrotte werden eingeschmolzen und weiterverarbeitet. Beispielhaft
soll hier der Verhüttungsprozeß nach Knudsen dargestellt werden. Die Haupt-
aggregate dafür sind der Schachtofen, der Konverter und der Anodenofen.
Im Schachtofen werden die am stärksten verunreinigten Schrotte verarbeitet.
Die entstehende Schmelze, die typischerweise einen Kupfergehalt von 70% bis
80% aufweist, wird anschließend in einem Konverter auf über 1000°C erhitzt,
wobei die Verdampfung von verunreinigenden Metallen wie Zinn, Zink, Blei
und Antimon beginnt. Die augefilterten Flugstäube werden weiterverarbeitet.
Die Konverterschlacke, die noch 10 bis 15% Kupfer enthält, wird wieder dem
Schachtofenprozeß zugeführt. Das Hauptprodukt hat einen Kupfergehalt von
etwa 97 % und wird im Anodenofen weiterraffiniert. Der Anodenofen wird
vorwiegend in den Bauarten Drehflammofen oder stationärer Anodenofen
eingesetzt. Der Anodenprozeß selbst gliedert sich in drei Sufen: das Besetzen
und Schmelzen, das Oxidieren und das Polen.

Zum Oxidieren wird Luft über Rohre und Düsen in die Schmelze eingeblasen, wobei ein Teil des Kupfers zu Cu_2O oxidiert. In einer anschließenden
selektiven Oxidation reagiert das Cu_2O mit den in der Schmelze verbliebenen
Metallen, die dabei als Reduktionsmittel wirken. Der an das Kupfer gebundene
Schwefel wird zum Teil als SO gelöst und entweicht zum anderen Teil als SO_2.

Das anschließende Polen wird in zwei Phasen geteilt. In der ersten erfolgt
eine Reinigung der Schmelze an die sich eine neuerliche Oxidationsphase
anschließt, die das restliche CuO reduziert. Das Kupfer besitzt nach diesem
Schritt eine Reinheit von 99 %. In der zweiten Phase erfolgt das Gießen von
Formaten oder Anoden. Die im Anodenkupfer enthaltenen Elemente wie Cd,
Co, Mn, Zn und Fe reichern sich im Bad an. Das Kupfer geht ebenfalls in
Lösung, scheidet sich aber an der Kathode ab. Es liegt dann in einer Reinheit
von 99,9 % vor.

5.2.5 Bleirecycling aus Akkumulatoren

1989 wurden in der Bundesrepublik Deutschland ca 200.000 Blei-Kleinakkumulatoren mit einem Gesamtgewicht von 100 t verkauft. Diese enthielten ca 60 t Blei, für dessen Rückgewinnung zur Zeit zwei Wege beschritten werden. Die eine bedient sich des Schachtofens, in den die von der Schwefelsäure entleerten Batterien mit Koks als Energieträger und Reduktionsmittel und weiteren Zuschlagstoffen gegeben werden. Die Polymere verbrennen und setzen Wärme frei. Das Blei, überwiegend in Form von $PbSO_4$, schmilzt und wird zu Rohblei reduziert. In einem nachgeschalteten Raffinier- und Legierprozeß wird es zu den benötigten Legierungen weiterverarbeitet. Der zweite mögliche Verfahrensweg sieht eine Trennung der Akkumulatoren in ihre Bestandteile vor der thermischen Behandlung vor. Die Bleirückgewinnungsquote bei Akkumulatoren liegt mit 95 % sehr hoch.

5.2.6 Platinrecycling aus Automobilabgaskatalysatoren

Ein Kilogramm Trägermaterial eines Automobilabgaskatalysators (AAK) enthält durchschnittlich 1,5 g Platin und 0,3 g Rhodium, die in einer Scheideanstalt zurückgewonnen werden. Dies kann sowohl auf pyrometallurgischem als auch auf chemischem Wege erfolgen. Im folgenden soll das Verfahren der pyrometallurgischen Aufarbeitung beschrieben werden.

Die Auspuffanlagen werden von KFZ-Werkstätten ausgebaut und vom Altstoffhandel gesammelt, durch den die eigentlichen AAKs zu den Scheideanstalten gelangen, wo sie einen mehrstufigen Aufarbeitungsprozeß durchlaufen. Die AAKs werden zunächst zu Pulver vermahlen, gesiebt und gemischt und zur genauen Bestimmung des Edelmetallgehaltes wird anschließend eine repräsentative Probe entnommen. Das Material wird in der nächsten Stufe zusammen mit einem sogenannten Sammlermetall, das die Edelmetalle bindet, reduzierend im Schachtofen aufgeschmolzen wobei das Trägermaterial als Schlacke zurückbleibt. Daran schließt sich in einem Konverter ein Treibprozeß an, der die Edelmetalle durch Oxidation von unedlen Metallen separiert. Der abschließende Schritt der Edelmetallraffination erfolgt über verschiedene chemische Prozesse. Dabei werden Fällungsverfahren, fraktionierte Kristallisation, Ionenaustauschverfahren oder die Flüssig-Flüssig-Extraktion angewendet.

Das Endprodukt des Prozesses ist Platin von hoher Reinheit in Form von Schwamm oder Pulver, das zur Herstellung neuer AAKs verwendet werden kann.

5.3 Entwicklungen

Obwohl die Recyclingverfahren für die Leicht-, Bunt-, Schwer- und Edelmetalle schon heute weit entwickelt sind, wird intensiv an Weiterentwicklungen oder gänzlich neuen Ansätzen gearbeitet. Dabei geht es zum einen um die Identifizierung der Schrotte und zu anderen um das Trennen verschiedener Stoffe. Als Beispiele seien angefügt das Identifizieren von Kupferschrotten dadurch, daß mit Hilfe von Laserblitzen feine Teilchen des Materials abgefunkt und dabei spektroskopisch analysiert werden oder ein Schmelzverfahren beim Aluminiumrecycling zum Abtrennen organischer Anhaftungen, wobei die entstehenden Prozeßgase für den Einschmelzprozeß thermisch genutzt werden.

5.4 Literatur

/1/ E. Hornbogen, Werkstoffe, 5. Aufl., Springer-Verlag, Berlin 1991

/2/ Eschelbach, Taschenbuch der metallischen Werkstoffe, Francksche Verlagsbuchhandlung, Stuttgart 1969

/3/ Hiller, Die Batterie und die Umwelt, Expert-Verlag, Ehningen 1987

/4/ Arpaci, Vendusa, Recycling von Kupferwerkstoffen, VDI-Berichte 917, VDI-Verlag, Düsseldorf 1992

/5/ Puttkamer, Platinmetalle: Recycling aus Autoabgas-Katalysatoren, Sprechsaal 8 (1989)

6 Kreislauf der Kunststoffe und Verbundwerkstoffe mit Polymermatrix

Ralf Bode

6.1 Einleitung

Neben ökonomischen und energiewirtschaftlichen Gesichtspunkten gibt es eine Reihe von materialwissenschaftlichen Aspekten, die die Wiederverwertbarkeit von Werkstoffen entscheidend beeinflussen. Im Falle der Kunststoffe unterscheiden sich diese zum Teil erheblich von denen der anderen Werkstoffgruppen und sind zudem nur wenigen geläufig. Gerade diejenigen, die ausreichende Kenntnisse über den Aufbau und die Eigenschaften der Kunststoffe besitzen, um mit fundierten Beiträgen an der öffentlichen Diskussion teilzunehmen, haben andererseits oft erhebliches Eigeninteresse, die Kunststoffe möglichst günstig darzustellen.

Daher sollen in diesem Beitrag von weitgehend neutraler Seite Aufbau und Eigenschaften von Kunststoffen in Hinsicht auf eine mögliche Wiederverwertbarkeit in ihren Grundzügen beschrieben und anhand von Beispielen bereits existierender Kreisläufe verdeutlicht werden. Der Schwerpunkt liegt entsprechend dem Thema dieses Buches bei der Werkstoffwissenschaft; wirtschaftliche Aspekte sollen hier weniger Berücksichtigung finden.

6.2 Aufbau der Kunststoffe

Im Unterschied zu den Metallen und Keramiken, bei denen die Reihenfolge der Begriffe der Strukturelemente nach den Atomen direkt zu den Phasen führt, welche aus Atomen bestehen, existiert bei den Kunststoffen eine weitere strukturelle Ebene dazwischen, die des Moleküls.

Kunststoffe sind Verbindungen, die durch Aneinanderreihung von immer gleichen Bausteinen - den (Mono-)Meren - kettenförmige Makromoleküle - die Polymere - bilden (Abb. 6.1), die gestreckt, verknäult (Abb. 6.1a) oder kristallisiert (Abb. 6.1b) sein können. Die äußere Form der Kettenmoleküle (Konformation) wie auch die Art des Monomeren sind entscheidende Faktoren für die Eigenschaften, die das entsprechende Polymer aufweist.

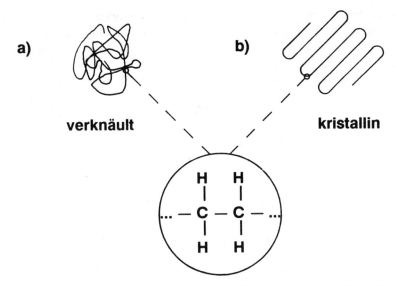

a) verknäult

b) kristallin

Abb. 6.1 Polymere bestehen aus Riesenmolekülen, die sich aus immer gleichen Abschnitten zusammensetzen. Ihre äußere Form kann regellos verknäult (a) oder zu Lamellen gefaltet sein (b).

Dabei sind die drei wichtigen Untergruppen der Polymere zu unterscheiden:

● Plastomere (Thermoplaste) besitzen lineare oder verzweigte Moleküle, die ineinander verschlungen und verknäult sind, aber zwischen den diskreten Molekülen ausschließlich physikalische Wechselwirkungen aufweisen. Dadurch werden sie bei erhöhter Temperatur wiederholbar plastisch verformbar, sind durch Umformverfahren in nahezu beliebige Form zu bringen und in Lösungsmitteln löslich.

● Duromere bestehen aus Makromolekülen, die durch chemische Bindungen eng vernetzt sind. Sie sind härter und fester als Thermoplaste und nach dem Vernetzen nicht mehr verformbar und nicht löslich, weswegen sie erst in ihrer endgültigen Form zu Makromolekülen synthetisiert oder zu einem Netzwerk vernetzt werden (z. B. Polyesterharz, Epoxidharz).

● Elastomere bestehen aus sehr langen Kettenmolekülen, die stark verknäult und schwach miteinander vernetzt sind. Daraus ergeben sich die typischen Gummieigenschaften hohe elastische Verformbarkeit und geringer Elastizitätsmodul. Durch die Vernetzung - z. B. Vulkanisation mit Schwefelatomen als Brückenglieder - sind Elastomere ebenfalls unlöslich und nicht schmelzbar.

Wegen ihrer ausgesprochen günstigen Fertigungseigenschaften bei guten Gebrauchseigenschaften wird die überwiegende Mehrzahl der Kunststoffanwendungen von den Thermoplasten abgedeckt (ca. 90%). Sie werden nach den Monomeren benannt, aus denen sie bestehen, da diese von ausschlaggebender Bedeutung für die Eigenschaften dieser Kunststoffe sind (Abb. 6.2). Weitere Parameter mit großer Bedeutung für die Eigenschaften der Thermoplaste sind die mittlere Kettenlänge (ausgedrückt durch die Molmasse) und deren Verteilungsfunktion sowie die Anordnung unsymmetrischer Seitengruppen (Konfiguration, z. B. beim Polypropylen, PP).

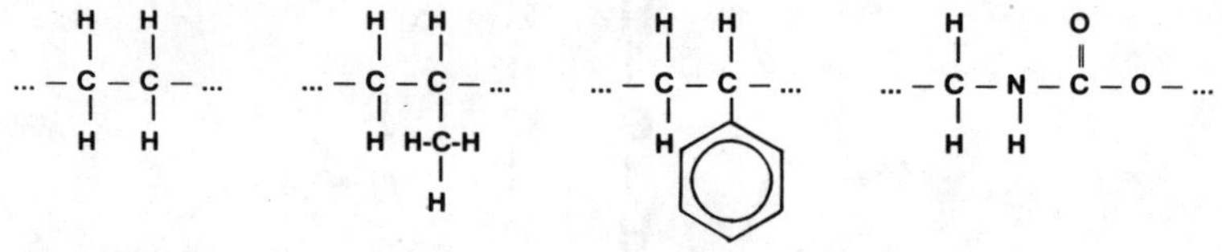

Polyethylen PE   **Polypropylen PP**   **Polystyrol PS**   **Polyurethan PUR**

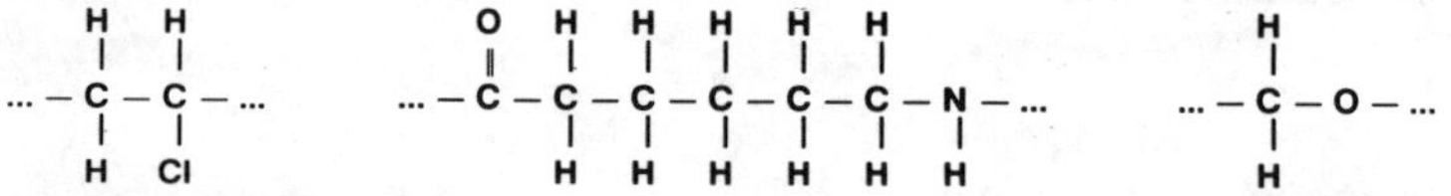

Polyvinylchlorid PVC   **Polyamid PA**   **Polyoxymethylen POM**

Abb. 6.2 Monomere, aus denen wichtige thermoplastische Kunststoffe aufgebaut sind

Daneben ist es möglich, durch thermomechanische Behandlung die Morphologie zu beeinflussen oder die mechanischen, optischen und tribologischen Eigenschaften in weiten Grenzen durch Zuschlagstoffe und Farbstoffe zu verändern, so daß eine unüberschaubare Vielfalt an thermoplastischen Kunststoffen besteht, die jeweils für ihre Anwendung speziell modifiziert werden.

Darüber hinaus werden zur Erzielung bestimmter Eigenschaften unterschiedliche Grundbausteine in der Hauptkette hintereinander angeordnet zu Ko-Polymeren. Diese können dann Eigenschaften aufweisen, welche eine Kombination aus Eigenschaften der reinen Homo-Polymere aus diesen Monomeren darstellen.

Mit Schwierigkeiten behaftet ist das Mischen von Kunststoffen zu Legierungen ("Blends"), da die meisten Thermoplaste - die Mischung erfolgt im aufgeschmolzenen Zustand - aufgrund ihrer chemischen Unverträglichkeit nicht mischbar sind /1/.

6.3 Kreislauf der Polymere

Der im Beitrag von Bauermann und Escher vorgestellte Kreislauf der Werkstoffe gilt auch für die Polymere (Abb. 1.1). Durch die zusätzliche Ebene in der Reihenfolge der Strukturelemente kommt es jedoch am Endpunkt des Zyklus zu einer zusätzlichen Option: Während das Aufschmelzen bei den Metallen gleichbedeutend ist mit einer Auflösung der kristallinen Gitterstruktur zu einzelnen Atomen, werden bei den Kunststoffen die intermolekularen Bindungen gelöst.

Daher ergibt sich beim Schließen des Kreislaufs der Polymere zusätzlich zum Aufschmelzen die Möglichkeit der Aufspaltung der Makromoleküle. Es ist zwar nicht sinnvoll, diese in ihre Atome zu zerlegen, es existieren jedoch Verfahren zum Abspalten von niedermolekularen Bestandteilen oder Monomeren, sozusagen eine Umkehrung der Polymerisation.

6.3.1 Ausgangspunkt

Die Rohstoffe für die Herstellung von Polymeren stammen überwiegend aus der Erdöl- oder Erdgaschemie, seltener handelt es sich um Kohleerzeugnisse. Daneben wird das natürliche Polymer Cellulose zur chemischen Umwandlung in Kunststoffe benutzt und andere pflanzliche Rohstoffe für manche Kunststoffsynthesen /2/.

6.3.2 Herstellung

Unter erhöhter Temperatur und erhöhtem Druck führen dann die katalysatorgesteuerten Reaktionen Polymerisation - unter Aufspaltung ungesättigter Doppelbindungen -oder Polykondensation - unter Abspaltung flüchtiger Nebenprodukte, z. B. Wasser - zur Bildung von Makromolekülen, die in Form von Pulver, Grieß oder flüssig anfallen. Damit sie sich besser verarbeiten lassen, werden thermoplastische Formmassen oft noch vom Hersteller in Granulatform gebracht, bevor sie zum Verarbeiter gelangen.

Im Vergleich zu den anderen Werkstoffgruppen ist die zur Herstellung benötigte Energie deutlich geringer, insbesondere in bezug auf das Volumen eines Formteils.

6.3.3 Fertigung

Thermoplastische Formmassen werden vor ihrer Verarbeitung, entweder beim Hersteller oder vom Verarbeiter selbst, mit einer Reihe von Zuschlagstoffen versehen, die zur Verbesserung der Verarbeitungs- oder Gebrauchseigenschaften oder aus anderen Gründen (z. B. Arbeitssicherheit, Kostensenkung) erforderlich sind (Tabelle 6.1). Diese Stoffe sind zum Teil speziell für einen Anwendungsfall oder bestimmte Verarbeitungsparameter erforderlich und können in anderen Fällen stören.

Die derart modifizierten Thermoplaste werden dann von den Verarbeitern zum überwiegenden Teil durch Spritzgießen (Formteile), Extrudieren (Profile, Folien) oder Blasformen (Hohlkörper) zu endabmessungsnahen Teilen oder Fertigteilen urgeformt. Preß- und Sinterverfahren sind speziellen Polymeren vorbehalten, die zwar aufgrund der Mikrostruktur Thermoplaste sind (unvernetzt), aber aus anderen Gründen (z. B. ultrahohe Molmasse > 1.000.000) nicht mit diesen effizienten Verfahren zu verarbeiten sind.

Duromere und Elastomere werden, wie oben erwähnt, überwiegend erst in ihrer endgültigen Form polymerisiert oder vernetzt, eventuell auch zu Halbzeugen, welche dann spanabhebend weiterverarbeitet werden. Für eine rationelle Verarbeitung der Harze und Rohmassen, die größtenteils zu Verbunden mit Partikeln, Fasern oder Geweben oder komplexen Teilen wie Autoreifen ver-

Tabelle 6.1 Zur Thermoplastmodifikation eingesetzte Zuschlagstoffe

Zur Verbesserung der Verarbeitungseigenschaften können eingesetzt werden:

- *Gleit- und Trennmittel* für ein leichteres Entnehmen aus der Form, Antiblockmittel in Folien, um Aneinanderhaften zu vermeiden,

- *Nukleierungsmittel* zur heterogenen Keimbildung bei der Erstarrung für eine möglichst feine Morphologie,

- *Antioxidantien*, um ein Oxidieren der Formmassen bei den hohen Temperaturen während der Verarbeitung zu vermeiden,

- *Stabilisatoren*, die eine thermische Zersetzung des Polymeren bei den hohen Verarbeitungstemperaturen verhindern oder schädliche Zersetzungsprodukte unschädlich machen. Stabilisatoren sind als Arbeitsschutzmaßnahme bei der PVC-Verarbeitung unerläßlich und über die Verarbeitung hinaus wichtig z.B. bei Bränden,

- *Füllstoffe* wie Gesteinsmehl, Kreide oder Marmor werden je nach Anspruch der Anwendung zugesetzt um Formmasse einzusparen (erhebliche Kostensenkung), erhöhen aber auch die Temperaturbeständigkeit und eventuell die Kerbschlagzähigkeit und verringern die Brandneigung,

- *Haftvermittler*, welche die genannten Zuschläge und die für eine Verbesserung der Gebrauchseigenschaften erforderlichen an den Kunststoff anbinden.

Zuschläge für verbesserte Gebrauchseigenschaften sind:

● *Flexibilatoren und Weichmacher* zur gezielten E-Modul-Einstellung,

● *Lichtschutzmittel* gegen schnelle, durch Licht- und UV-Strahlung verursachte Alterung (Verfärbung und Versprödung),

● Weitere *Flammschutzmittel* neben den genannten Füllstoffen,

● *Antistatika* gegen statische Aufladung des Kunststoffs,

● *Treibmittel*, die durch physikalische oder chemische Umsetzung Schaumbildung erreichen,

● organische oder anorganische *Farbstoffe*, da Kunststoffe in der Regel durchgefärbt und nicht lackiert werden.

---

arbeitet werden, sind Verfahren gebräuchlich, die denen für Plastomere ähneln, automatisierbar sind und kurze Taktzeiten erlauben, z. B. Warmpressen, Spritzpressen und auch Spritzgießen /3/. Dabei überlagert sich dem physikalischen Schmelzvorgang im beheizten Werkzeug die chemische Härtungsreaktion.

Da die genannten Fertigungsverfahren vorwiegend zu endabmessungsnahen Teilen führen und Umformschritte im Unterschied zu den Metallen nicht unbedingt zu einer Eigenschaftsverbesserung führen, sind diese bei den Kunststoffen weniger gebräuchlich. Lediglich bei Folien ergibt sich durch Verstrekkung eine deutliche Festigkeitserhöhung. Zum Erreichen sehr geringer Wandstärken, die durch Spritzgußherstellung nicht möglich sind, sind außerdem noch Thermoformverfahren gebräuchlich.

6.3.4 Versagen

Die Nutzungszeit von Polymeren ist sehr unterschiedlich (Abb. 6.3 nach /4/). Kunststoffen im Maschinenbau und im Bauwesen mit großen Nutzungsdauern, z. B. Abwasserrohre aus PVC, stehen Anwendungen in der Verpackungsbranche entgegen, deren Nutzung ohne Versagen endet.

6.3.5 Endpunkt

Am Ende der Lebensdauer eines polymeren Formteils oder einer Folie bestehen nach dem Schema "Kreislauf der Werkstoffe" unterschiedliche Optionen der weiteren Verfahrensweise. Zu berücksichtigen sind aber auch die großen Mengen an umlaufendem Material, die als Ausschuß oder Abfall (Angüsse, etc.) bei der Produktion anfallen und gar nicht den kompletten Zyklus durchlaufen sowie die Wiederverwertung in gleicher Gestalt (Zweitnutzung).

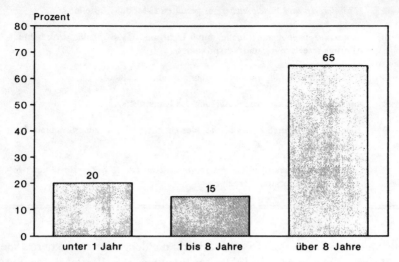

Abb. 6.3 Nutzungsdauer von Formteilen aus Kunststoff in Deutschland /4/

6.3.5.1 Wiedereinschmelzen

Aufgrund des oben beschriebenen Aufbaus der drei Kunststoff-Untergruppen kommen nur die thermoplastischen Polymere für ein Wiedereinschmelzen in Frage.

Sortenreine Kunststoffe. Selbst im einfachsten Fall eines völlig sortenreinen Kunststoffs, der für den gleichen Zweck wie vorher in der gleichen Farbe verarbeitet werden soll (z. B. zu Granulat gemahlene Ausschußteile und Angüsse), ist das erneute Verarbeiten nicht problemfrei: Die kombinierte thermische und mechanische Beanspruchung der Formmassen durch die Plastifiziereinheit der Extruder oder Spritzgießmaschinen bewirkt eine Spaltung der Molekülketten und somit eine Verschiebung der mittleren Molmasse zu geringeren Werten. Das hat einen Festigkeitsabfall zur Folge (Abb. 6.4) und einen Einfluß auf die Steifigkeit und die Dehneigenschaften. Weitere Reaktionsmöglichkeiten sind die Dissoziation schwach gebundener Seitenatome oder -gruppen mit Folgereaktionen durch frei gewordene Bindungen (z. B. Chlor in PVC mit anschließender HCl-Bildung) oder Depolymerisation durch sukzessives Abspalten von Endgruppen der Ketten (z. B. im Polyacetal, POM).

Daraus ergibt sich die Konsequenz, daß selbst sortenreines Rezyklat nur in geringen Mengen (< 30%) dem Neumaterial zugegeben werden kann, wenn die mechanischen Eigenschaften gewissen Anforderungen genügen sollen.

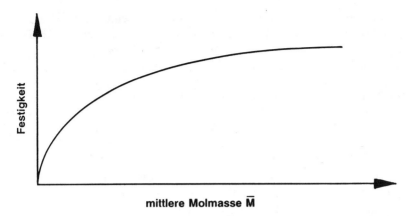

Abb. 6.4 Verkürzung der Makromoleküle durch mechanische oder thermische Einflüsse hat einen Festigkeitsabfall zur Folge /5/

Derart reine Abfälle fallen nahezu ausschließlich in den Schritten Herstellung und Fertigung an, im Gebrauch nur dann, wenn das Sammeln nicht zu schwierig, zu energieaufwendig oder unwirtschaftlich ist. Dies kann der Fall sein, wenn Firmen die Verbraucher sind und Abfälle sortenrein sammeln, z. B. Verpackungsfolien, oder wenn Kunststoff sortenrein anfällt bei der Wiederverwertung von Bauteilen, z. B. PP aus Autobatterien. Häufiger ist daher ein Gemisch von sortenreinem Kunststoff, das aus unterschiedlichen Quellen anfällt.

Diese Abfälle können sich wiederum unterscheiden durch
- mittlere Molmasse,
- Molmassenverteilung,
- Farbe,
- Einflüsse durch die Nutzung,
- Zuschläge und Additive.

Bei großen Unterschieden in der Molmasse werden die mechanischen Eigenschaften eines Rezyklatwerkstoffs sehr schlecht sein, während unterschiedliche Farben zu einem unansehnlichen Formteil mit schlechter Oberflächenqualität führen können. Einflüsse, die sich bei der Nutzung ergeben können sind Vernetzung oder Abbau von Makromolekülen durch Strahlung (z. B. Gewächshausfolien) oder eindiffundierte Stoffe, die sich negativ auswirken können. So entstehen beim Wiederaufschmelzen von Polyolefinen (PE, PP), welche mit Seifenlösungen in Berührung gekommen sind (flüssige Waschmittel, Spülmittel, Schmierseifeeimer), äußerst unangenehme Gerüche.

Zuschläge und Additive, die für den ursprünglichen Verwendungszweck des Polymeren nützlich waren, können sich bei einer zweiten Verarbeitung störend auswirken. Katalysatorreste der einen Fraktion können kaum vorhersagbare

Reaktionen mit Weichmachern oder anderen Komponenten anderer Fraktionen auslösen. Da viele Hochleistungsverarbeitungsmaschinen zudem für die Verwendung von Grieß oder Granulat mit definierter Geometrie konstruiert sind, sind gemahlene Abfälle nur auf speziellen Maschinen zu verarbeiten, die in der Einzugszone unkritisch sind.

Zum Teil lassen sich diese Probleme durch Homogenisieren, Überfärben und erneute Granulatherstellung lösen, andererseits werden durch diesen zusätzlichen Fertigungsschritt andere Schwierigkeiten verstärkt (thermischer Abbau).

Gemischte Kunststoffe. Die bisherigen Überlegungen bezogen sich noch auf sortenreine Abfälle. Die Schwierigkeiten vergrößern sich, wenn gemischte Kunststoffabfälle vorliegen oder diese zusätzlich - wie im Hausmüll - mit anderen Abfällen vermischt und verunreinigt sind.

Trennen der Sorten. Bei einer nicht zu großen Sortenvielfalt ist es möglich, die Thermoplastsorten zu trennen. Dazu nutzt man die unterschiedlichen spezifischen Gewichte aus, die die Polymere - zumindest bei nicht zu hohem Füllstoffanteil - haben (Abb. 9.5) und separiert mit Hilfe von Schwimm-Sink-Becken, Windsichtern oder Hydrozyklonen.

Kunststoffabfälle im Hausmüll bestehen zu 90-95% aus den vier Sorten PE/PP, PS und PVC. Hier hat eine Studie /6/ schon in den siebziger Jahren ergeben, daß sich diese Sorten mit hohen Genauigkeiten (>95%) mit Hilfe von Hydrozyklonen trennen lassen.

Eine weitere, technisch interessante Variante ist die Trennung mit Hilfe definierter Löslichkeiten /7/. Die Verpackungen einer amerikanischen Fast-Food-Kette bestehen aus einem Kopolymeren aus den zwei Komponenten Acrylsäure und Acrylsäureester und lösen sich nach dem Gebrauch in einer leicht alkalischen Lösung mit genau definiertem pH-Wert - welcher vom Verhältnis der Monomere abhängt - in wenigen Minuten auf und können so von nichtlöslichen Kunststoffen getrennt werden. Anschließend läßt sich das Polymer durch Zusatz von Säure wieder ausfällen, reinigen (auch von organischen Verunreinigungen) und mit einem Reaktionsextruder wieder neu verarbeiten.

Verarbeitung gemischter Abfälle. Oben wurde bereits erwähnt, daß aufgrund ihrer Thermodynamik die meisten Thermoplaste nicht mischbar sind oder es treten Mischungsbereiche und Mischungslücken in Abhängigkeit von Temperatur, Konzentration und Molmasse auf /8/. Rätzsch /1/ begründet dies mit der fehlenden Wechselwirkung zwischen den Polymerketten. Das betrifft sowohl eine denkbare ideale Vermischung auf molekularer Ebene wie auch die Grenzflächen in einer Mischung von Polymerphasen. Er gibt jedoch Möglichkeiten an, wie man zumindest die Verträglichkeit von zwei Komponenten erreichen und Blends daraus herstellen kann:

● Herstellung von Kopolymeren aus Monomereinheiten der Blendkomponenten und ihr Einsatz als Verträglichkeitsvermittler. Die Herstellung derartiger

Kopolymere ist allerdings nicht in jedem Falle möglich, außerdem dürfen sie keine vollständige Verträglichkeit mit einem der beiden Polymere aufweisen, sondern sollen sich in der Grenzfläche anlagern.

● Reaktives Extrudieren ("reactive compounding") der Komponenten mit Grenzflächenreaktionen, die von selbst oder nach Zugabe von reaktiven Substanzen ablaufen.

Eine wichtige Voraussetzung für den Einsatz dieser Verfahren oder anderer Kompatibilisierer ist neben der vorhandenen Eignung chemischer und thermodynamischer Art eine ähnliche Verarbeitungstemperatur. So liegt z. B. die normale Verarbeitungstemperatur von Polyamid so hoch, daß sich zugegebenes PVC vorher unter heftiger Chlorwasserstoffentwicklung zersetzen würde.

Wegen dieser Schwierigkeiten ist es praktisch nicht möglich, gemischte Thermoplastabfälle gemeinsam zu verarbeiten. Es ist zwar zur Herstellung gewisser Vorzeigeobjekte gekommen, doch sind die Werkstoffeigenschaften dieser Mischungen derart katastrophal, daß man Wandstärken im Zentimeterbereich benötigt und es sich hier eher um eine "funktionelle Deponierung" handelt.

6.3.5.2 Aufspalten der Moleküle

Selbstzerfallende Kunststoffe. Für kurzlebige Produkte existieren unterschiedliche Möglichkeiten, nach der Nutzung ein Zerfallen der Makromoleküle durch natürliche Einwirkungen (UV-Strahlung, Feuchtigkeit, bakteriologischer Angriff) zu ermöglichen /4/. Dabei ist zu beachten, daß die entstehenden Zerfallsprodukte umweltverträglich sind und nicht mehr Schaden verursachen als die inerten Kunststoffe. Bei der Deponierung derartiger Kunststoffe werden alle im Ausgangspunkt des Kreislaufs eingebrachten Komponenten nutzlos dissipiert. Probegrabungen in einer älteren Deponie haben zudem ergeben, daß selbst organische Materialien kaum zerfallen; eine über 25 Jahre alte Zeitung war z. B. noch lesbar /9/.

Die Gewißheit, daß Zerfallsprodukte unschädlich sind, besteht bei natürlichen Polymeren (z. B. Stärke), die in dem Beitrag von Heinz ausführlich beschrieben werden.

Pyrolyse. Im Abschnitt über den Aufbau der Kunststoffe wurde bereits erwähnt, daß die schwache zwischenmolekulare Wechselwirkung der Thermoplaste bei erhöhter Temperatur aufbricht und ein Aufschmelzen ermöglicht. Bei noch höheren Temperaturen (200 - 400 °C, je nach Sorte und Molmasse) lösen sich unter Sauerstoffausschluß durch die heftigen Molekularbewegungen auch die starken innermolekularen, kovalenten Bindungen der Hauptkette, es entstehen niedermolekulare Kohlenwasserstoffe. Prozeßtemperatur und Durchsatzmenge beeinflussen die Zusammensetzung der Reaktionsprodukte. Bei hohen Temperaturen entstehen mehr gasförmige Kohlenwasserstoffe mit niedriger Molmasse, bei niedrigeren Temperaturen flüssige Kohlenwasserstoffe, die zum Teil nicht linear sind, sondern Ringstrukturen beinhalten. Da diese Aromaten hohe Verkaufserlöse erzielen ist es sinnvoll, die Wahl der Verfahrensparameter auf eine maximale Ausbeute hin zu optimieren /10/.

Die Pyrolyse eignet sich prinzipiell auch für Duromere und Elastomere. Da jedoch insbesondere Duromere häufig als Matrix für Verbundwerkstoffe dienen, fallen Fasern, sofern sie nicht aus Kohlenwasserstoffen bestehen, an und müssen separat wiederverwertet oder deponiert werden.

Hydrolyse. Die Polykondensation von Polymeren ist eine Gleichgewichtsreaktion, die unter Abspaltung von z. B. Wasser zur Bildung von Makromolekülen führt (s. o.). Wird dem Prozeß das Wasser nicht entzogen, verschiebt sich das Gleichgewicht und die Reaktion verlangsamt sich bis zum Stillstand. Setzt man nun Polykondensationskunststoffe unter Wasserzufuhr hohen Temperaturen aus, kehrt sich die Reaktion sogar um und unter Einbau von Wassermolekülen wird der Kunststoff in seine Monomere zerlegt /11/.

Auch dieses Verfahren eignet sich für Duromere und ist am Beispiel des Polyurethans erfolgreich erprobt worden, welches hauptsächlich zu Schäumen verarbeitet wird und daher im Falle einer Deponierung bezogen auf sein Gewicht viel Raum einnimmt.

Bei anderen Kunststoffsorten werden zum Teil in Abhängigkeit davon, welche Produkte bei der Polykondensation frei werden, andere Substanzen der Umkehrreaktion zugesetzt. Diese Verfahren werden dann entsprechend als Alkoholyse, Aminolyse etc. bezeichnet.

Sofern es sich nicht um einen geschlossenen Kreislauf wie bei den Polyurethanen handelt, stören Begleitelemente die Reinheit der bei beiden Prozessen entstehenden Kohlenwasserstoffe. Deshalb werden zum Teil andere Verfahren angewandt, wie die Hydrierung gemischter Kunststoffabfälle - Aufspaltung unter Wasserstoffzufuhr bei ca. 400 bar und bis zu 500 °C - , bei denen unerwünschte Elemente leicht abtrennbare Verbindungen eingehen /12/.

6.3.5.3 Kunststoffverbrennung

Nach den Möglichkeiten der Wiederverwertung in gleicher Gestalt (Zweitnutzung), Wiedereinschmelzen und Zerlegen in chemische Bestandteile ist das Verbrennen der Kunststoffe die letzte Möglichkeit, eine der im Ausgangspunkt eingebrachten Komponenten Rohstoffe, Information und Energie zurückzugewinnen.

Die in Form von ihrem Heizwert in den Polymeren gespeicherte Energie (Tabelle 6.2) ist dabei so hoch, daß im durchschnittlichen Hausmüll die ca. 6 % Kunststoffe einen Beitrag von 25 % zum Gesamt-Heizwert beitragen. Durch die Verbrennung von Kunststoffen kann deshalb eine Müllverbrennungsanlage ohne Stützfeuerung, i. e. ohne zusätzliche fossile Brennstoffe, ausreichend hohe Temperaturen für einen geringen Schadstoffausstoß erreichen. Durch Filter- und

Rauchgasreinigungsanlagen ist weitgehend gewährleistet, daß Polymere in modernen Müllverbrennungsanlagen umweltschonend verbrannt werden. Es ist jedoch zu bedenken, daß, insbesondere in der kalten Jahreszeit, ein großer Anteil des Hausmülls im Hausbrand verbrannt wird, wobei einerseits unkontrollierbare und unabsehbare Schadstoffmengen, darunter auch hochgiftige Dioxine und Furane entstehen können. Zum anderen sinkt der Heizwert des restlichen Mülls so weit ab, daß die Verbrennungsanlagen mit Stützfeuerung arbeiten müssen.

Tabelle 6.2 Heizwerte der häufigsten Thermoplaste im Hausmüll /13/

Brennstoff	Heizwert [MJ/kg]
Polyolefine	42
Polystyrol	40
Polyvinylchlorid	18
Heizöl (zum Vergleich)	39 - 41
Hausmüll	8,5

Die Verbrennung kommt für alle Polymergruppen in Betracht und ist oft aus wirtschaftlichen Gründen die günstigste Lösung am Endpunkt des Kunststoffkreislaufs. Insbesondere komplexe Werkstoffverbunde, Gemische und Verbundwerkstoffe erlauben oft keine Trennung, da sie für gute Gebrauchseigenschaften bezüglich der Grenzflächenhaftung optimiert sind und eine Zerlegung in Monomere oder einfache Kohlenwasserstoffe ist wegen der Unverträglichkeit der Komponenten nicht möglich. Beispiele hierfür sind Armaturenbretter und Stoßfänger im Automobilbau aus Werkstoffverbunden mit bis zu fünf Komponenten, zum Teil aufgeschäumt; glasfaserverstärkte Polyamide und Polypropylene in Elektrogeräten und Autos; profane Ketchupflaschen und Käseverpackungen aus komplizierten Koextrudaten mit drei oder fünf Schichten aus zwei oder drei Kunststoffsorten. Alle diese Verbunde sind mit technisch vertretbarem Aufwand nicht mehr zu trennen und ermöglichen nur eine Verbrennung mit Rückgewinnung der inhärenten Energie, will man eine Deponierung vermeiden.

Einzelheiten der Müllverbrennung und spezielle Verfahren beschreibt der Beitrag von Prenger und Donner.

6.3.5.4 Deponierung

Aufgrund ihrer guten chemischen Beständigkeit sind Kunststoffe auf Deponien weitgehend problemlos und neutral. Es hat sich gezeigt, daß die im Müll recht

58

voluminösen Hohlkörper auf der Deponie zusammengedrückt werden und kaum noch Raum beanspruchen /9/. Wegen der großen Menge der in ihnen gespeicherten Energie ist jedoch eine Verbrennung, zumindest der halogenfreien Polymere, vorzuziehen.

6.4 Fazit und Zukunftsperspektiven

Nachdem andere Autoren /4, 14/ nach Berücksichtigung der wirtschaftlichen und energetischen Aspekte ein Recycling von Kunststoffen nicht in jedem Falle für empfehlenswert erachten und oft eine Verbrennung favorisieren, wird aus den bisherigen Überlegungen deutlich, daß auch materialwissenschaftliche Aspekte oft gegen eine Wiederverwertung sprechen. Gegen das Argument der Verschwendung von Rohstoffen im Falle der Verbrennung von Kunststoffen spricht das Diagramm in Abb. 6.5, das verdeutlicht, daß 70 % der in Deutschland verarbeiteten Rohölmenge direkt verbrannt werden und nur 6 % zur Herstellung von Kunststoffen benötigt werden.

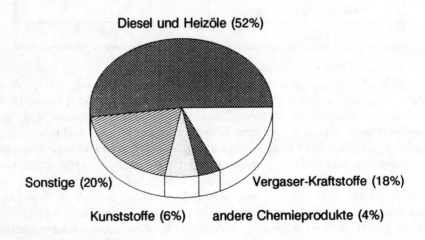

Abb. 6.5 Nur ein geringer Prozentsatz des in Deutschland verarbeiteten Rohöls wird zur Herstellung von Kunststoffen verwandt. Der größte Teil wird durch Verbrennung lediglich thermisch verwertet.

Auch wenn sich die Rahmenbedingungen dahingehend ändern werden, daß ein Recycling wirtschaftlich wird, z. B. durch Maßnahmen der Gesetzgeber oder dramatisch steigende Deponierungskosten bei fehlender Verbrennungskapazität, sprechen massive Probleme aus werkstoffwissenschaftlicher Sicht gegen eine umfassende stoffliche Wiederverwertung der momentan im Gebrauchsstadium befindlichen Werkstoffe.

Es existieren bereits Wiederverwertungszyklen aus Produktionsrückständen und weiteren sortenreinen Formmassen mit den beschriebenen, geringen Zugaben zum Neumaterial. Für die Steigerung der Anteile muß zunächst der Markt für Rezyklat erschlossen werden, außerdem ist es erforderlich, erhebliche Entwicklungsarbeit in die Verbesserung der mechanischen Eigenschaften aufbereiteter Kunststoffe sowie die Herstellung von Blends mit guten Eigenschaften zu investieren.

Bei Neukonstruktionen sollte grundsätzlich der Kreislauf der Werkstoffe mitberücksichtigt werden und bei den Kriterien für die Werkstoffauswahl die Wiederverwertbarkeit mit in der Spezifikation erscheinen. Dazu gehört eine Vermeidung komplizierter Werkstoffverbunde wie in einem gelungenen Projekt der BASF, deren neuentwickelter Kfz-Stoßfänger in allen Bestandteilen aus Polypropylen besteht /15/.

Der Einsatz von faserverstärkten Thermoplasten, die schlecht wiederverwertbar sind und erhöhten Werkzeugverschleiß verursachen, läßt sich durch die Anwendung von flüssigkristallinen Thermoplasten (LCP) vermeiden. Diese neuartigen Kopolymere behalten nach der Verarbeitung eine eingebrachte Anisotropie und wirken so eigenverstärkend bis zu Festigkeiten von 300 MPa /16/.

Problemkunststoffe wie PVC sollten in ihrer Nutzung auf ein unvermeidliches Mindestmaß reduziert (selbstverlöschende Kabelummantelungen, Medizin) und nicht wegen günstiger Preise als Massenkunststoffe angewandt werden. Dadurch wird auch die Wiederverwertbarkeit gemischter Kunststoffabfälle verbessert und eine Verbrennung weniger schädlich.

6.5 Literatur

/1/   Rätzsch, M.: Wechselwirkung zwischen Polymeren, VDI-K-Buch 1989, VDI-Verlag, Düsseldorf 1989

/2/   Saechtling, H.: Kunststofftaschenbuch, Kapitel Grundlagen, 24. Ausgabe, Hanser Verlag, München 1989

/3/   Domininghaus, H.: Die Kunststoffe und ihre Eigenschaften, 4. Auflage, VDI-Verlag, Düsseldorf 1992

/4/   Emminger, H.; Menges, G.: Recycling, eine Existenzfrage für Kunststoffe, aus: G. Menges, W. Michaeli, M. Bittner: Recycling von Kunststoffen, Hanser Verlag, München 1992

/5/   Menges, G.: Werkstoffkunde der Kunststoffe, Hanser Verlag, 2. Aufl., München 1985

/6/   Bahr, A. et al: Sortierung von Kunststoffabfällen, Schlußbericht im Rahmen des Projekts: Wiederverwertung von Kunststoffabfällen, Verband Kunststofferzeugende Industrie, Frankfurt 1980

60

/7/   Vennen, H.: Ein Kunststoff wie geschaffen für's Recycling, VDI-Nachrichten <u>45</u> (1991) 5, S. 22

/8/   Lemmens, J.: Verträglichmacher für Kunststoffe, wie /4/

/9/   Wogrolly, E. G.: Deponie, wie /4/

/10/   Kaminsky, W. u. Sinn, H.: Pyrolyse von Kunststoffabfällen, wie /6/

/11/   Grigat, E. et al: Hydrolyse von Kunststoffabfällen, wie /6/

/12/   Rauser, G.: Verfahren zur hydrierenden Verflüssigung von Kunststoffabfällen, wie /4/

/13/   Dirks, E.: Thermische Verwertung von Kunststoffen aus Haushaltsabfällen, wie /4/

/14/   Thalmann, W.: Ökobilanzen für Kunststoffe, wie /4/

/15/   Menges, G.: Energie und Rohstoffe aus Kunststoffmüll, Techn. Rundschau <u>83</u> (1991) 15, S.22 - 33

/16/   N.N.: Gegentakt-Spritzgießen von Airbus-Fensterrahmen, Kunststoffe <u>82</u> (1992) 6, S.485

7 Verschrottungsgerechtes Konstruieren

Wolfgang Frech, Knut Schemme

7.1 Recyclinggerechtes Konstruieren - ein Gebot der Gegenwart

Die recyclinggerechte Konstruktion ist als gemeinsame Aufgabenstellung und neuer Verantwortungsbereich sowohl an Produktions- als auch an Entsorgungsunternehmen gerichtet. Fortschreitende Rohstoffverknappung, wachsende Probleme bei der Bereitstellung geeigneter Deponieräume und eine bereits allerorts präsente Umweltschädigung zwingen zu einem möglichst sparsamen Umgang mit vorhandenen Ressourcen.

Unter diesem Aspekt muß der Satz "wir sollten Rohstoffe lediglich gebrauchen, anstatt sie zu verbrauchen" zunehmend an Bedeutung gewinnen. Bereits existierende und vor allem zukünftige Gebrauchsgüter müssen als komplexe Rohstoffquelle betrachtet und als solche genutzt werden /1/.

Zudem kann davon ausgegangen werden, daß für Gebrauchsgüter, bei denen schon in der Planungsphase die Demontage und Aufarbeitung bzw. die stoffliche Verwertung nach ihrem Gebrauchszeitraum berücksichtigt wird, die Entsorgungskosten sinken. Gestaltungsentscheidungen werden sich zukünftig nicht nur an Produktions- und Gebrauchskosten orientieren, sondern verstärkt den Bilanzierungsposten der Entsorgungskosten einbeziehen. So kann letztendlich, trotz höherer Herstellungskosten, derjenige Marktvorteile erzielen, dessen Produkt niedrige Entsorgungskosten bei einer hohen Recyclingrate aufweist.

Die Voraussetzung für ein wirtschaftliches Recycling ist, daß das technische Niveau des Recyclings dem technischen Niveau der Konsumgüterproduktion entspricht. Zum gegenwärtigen Zeitpunkt liegen allerdings noch erhebliche Differenzen zwischen der Produkterzeugung und der Produktverwertung. Daraus ergibt sich die Forderung, daß bereits bei der Produktgestaltung, der Wahl der einzusetzenden Werkstoffe und der Fertigungstechniken die technischen Aspekte für das Recycling berücksichtigt werden müssen.

Unter Recycling versteht man eine erneute Verwendung oder Verwertung von Produkten oder Produktteilen in Form von Kreisläufen. Zu den Recyclingkreislaufarten zählt man das Produktionsabfallrecycling, das Produktgebrauchsrecycling und das Altstoff-bzw. Materialrecycling.

Das erklärte Ziel des recyclinggerechten Konstruierens muß demnach sein, die genannten Recyclingarten zu unterstützen, um Produkte nach Ende ihrer natürlichen Gebrauchsdauer durch Aufarbeitung bzw. Instandhaltung ihrer ursprünglichen Verwendung erneut zuzuführen.

Die Recyclingkreisläufe können mehrfach durchlaufen werden. So wird man anstreben, ein Produktrecycling so oft zu wiederholen, wie es technisch machbar und wirtschaftlich interessant ist, ehe man auf ein Materialrecycling mit niedrigerem Wertniveau übergeht.

Dem Konstrukteur sollte bewußt sein, daß alle Produkte am Ende ihres Lebenszyklus durch stoffliches Recycling in die Materialkreisläufe zurückgeführt werden müssen. Die verschiedenen Kreislaufarten können gegensätzliche Anforderungen an das Produkt stellen. So verlangt das Materialrecycling oft eine andere Recyclinggerechtheit der Produkte als das Produktrecycling. Sie kann sich auch durch gesetzliche Auflagen und technischen Fortschritt ändern.

7.2 Wege zur recyclinggerechten Konstruktion

7.2.1 Müllvermeidung

Ein erster Weg, Ressourcen sparsam zu gebrauchen, besteht darin, bei der Produktherstellung durch gezielte Abfallminimierung gar keinen oder nur wenig Abfall entstehen zu lassen. Es sind solche Fertigungsverfahren zu wählen, bei denen kein oder möglichst wenig Abfall entsteht. Der Konstrukteur bestimmt über Formgebung und Werkstoff zumindest teilweise die Fertigungstechnologie und beeinflußt damit Art und Menge des Neuschrottes sowie die Wirtschaftlichkeit der gesamten Fertigung.

7.2.2 Demontage - Schlüsel zum erfolgreichen Recycling

Einen entscheidenden Anteil am Erfolg der Recyclingbemühungen hat die Demontierbarkeit der zu entsorgenden Produkte. Mit Blick auf eine spätere Großseriendemontage ist die Errichtung einer Pilot-Demontage-Anlage eine rentable Investition zur Gewinnung neuer recyclingspezifischer Erkenntnisse. Die Pilotphase liefert Informationen über Zeit- und Kostenaufwand der Demontage, sowie der möglichen Wertschöpfung aus der Instandhaltung von Bauteilen, dem Direktverkauf von Altteilen und dem Recycling von Werkstoffen /4/.

Weiterhin wichtig ist die Erprobung interner und externer Logistikkonzepte. Die in der Erprobungsstufe gewonnenen Erkenntnisse können dann direkt in die gesamte Produktplanung mit einbezogen werden.

Derzeit wird die Demontage überwiegend manuell in Werkstätten oder Entsorgungsbetrieben durchgeführt. Probleme ergeben sich aus der Gerätevielfalt und der mangelnden demontagegerechten Produktgestaltung. Gerade bei steigender Rücklaufquote können Gerätefamilien gebildet werden, die, bei Arbeitsteilung im Sinne einer Fließfertigung, deutliche Rationalisierungspotentiale in der Demontage beinhalten.

Auf Basis einer derartigen Strukturierung wäre auch eine Teilautomatisierung einzelner Demontageumfänge bis hin zu einer flexibel automatisierten Montagezelle denkbar und somit ein Beitrag zur Humanisierung der stark belasteten Arbeitsplätze im Demontagebereich geleistet.

In der folgenden Leitlinie sind die wesentlichen Punkte für die demontagegerechte Produktgestaltung formuliert. Berücksichtigt sind dabei die Anforderungen, die eine manuelle bzw. automatisierte Demontage an die Konstruktion stellen /5/.

Gestaltungsrichtlinien für demontagegerechte Produkte	manuell	autom.
a) Konzeptionsphase		
- Einheitliche und geradlinige Demontageeinrichtungen	+	+ +
- Sandwichaufbau mit zentralen Verbindungselementen	+ +	+ +
- Auf Basisteil aufbauen	+	+ +
- Baugruppenverträgliche Werkstoffkombination	+	+ +
b) Entwurfsphase:		
- Zusammenfassen von Einzelteilen zu einem Bauteil	+	+
- Sollbruchstellen vorsehen	+	+
- Wirkflächen für zerstörende Werkzeuge vorsehen	+	+
- Wenig Verbindungselemente	+ +	+ +
- Verbindungselemente leicht lös- oder zerstörbar	+ +	+ +
- Alterungsbeständige, nicht korrodierende Werkstoff paarungen für Verbindungselemente verwenden	+ +	+ +
- Baugruppen vor Verschmutzung und Korrosion schützen	+ +	+
- Verringerung der Werkstoffvielfalt	+	+
- Notwendigkeit des Wendens vermeiden	o	+
- Betriebsstoffe müssen leicht und gefahrlos abführbar sein	+ +	o
c) Detaillierungsphase:		
- Standardisierung von Bauteilen - Mehrfachverwendung	+	+ +
- Einheitliche und einfache Verbindungstechnik	+	+ +
- Trennstellen gut zugänglich gestalten	+ +	+ +
- Gleichzeitiges Trennen und Demontieren ermöglichen	+ +	+

+ + sehr wichtig   + wichtig   o weniger wichtig

Abbildung 7.1 zeigt einige praktische Gestaltungsmöglichkeiten für Verbindungselemente unter dem Gesichtspunkt demontagegerechter Gestaltung. Prinzipiell sollten die gewählten Lösungen ökonomische Gesichtspunkte mit berücksichtigen.

nicht demontagegerecht ➡ **demontagegerecht**

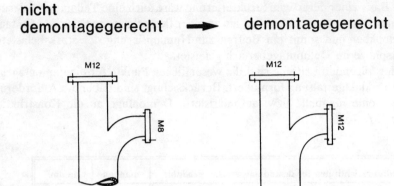

Verbindungselemente gleicher Größe

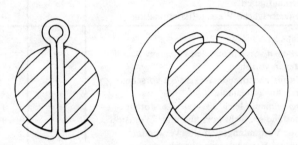

Einfache, beschädigungsfreie Demontage

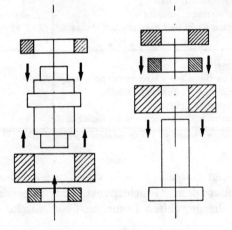

Prinzip einheitlicher Demontagerichtung

Abb. 7.1 Beispiel für demontagegerechte Gestaltung von Fügestellen /6/

7.2.3 Werkstoffauswahl

Ein weiteres Instrumentarium, neben der Demontagefreundlichkeit, die Recycling-Tauglichkeit eines Produktes zu beurteilen, bezieht sich auf die Anforderung der Werkstoffverträglichkeit. Diese Eigenschaft ist besonders wichtig, wenn eine Demontage nicht möglich ist /7/.

Grundregel sollte es sein, nur verwertungsoptimale Einstoffprodukte zu verwirklichen. Ist dies nicht möglich, sind nur solche Werkstoffkombinationen zu realisieren, die sich wirtschaftlich umd mit hoher Wiederverwendungsqualität verwerten lassen. Ein wichtiges Hilfsmittel bei dieser Aufgabe sind Werkstoff-Verträglichkeits-Matrizen. In Abbildung 7.2 ist ein Ausschnitt einer solchen Matrix für Kunststoffe dargestellt.

Wichtige Konstrukt. Kunstst.		Zumischwerkstoff											
		PE	PVC	PS	PC	PP	PA	POM	SAN	ABS	PBTP	PETP	PMMA
Matrixwerkstoff	PE	●	⊕	⊕	⊕	●	⊕	⊕	⊕	⊕	⊕	⊕	⊕
	PVC	⊕	●	⊕	⊕	⊕	⊕	⊕	●	●	⊕	⊕	⊕
	PS	⊕	⊕	●	⊕	⊕	⊕	⊕	⊕	⊕	⊕	⊕	⊕
	PC	⊕	●	⊕	●	⊕	⊕	⊕	●	●	●	●	●
	PP	⊕	⊕	⊕	⊕	●	⊕	⊕	⊕	⊕	⊕	⊕	⊕
	PA	⊕	⊕	●	⊕	⊕	●	⊕	⊕	⊕	●	●	⊕
	POM	⊕	⊕	⊕	⊕	⊕	⊕	●	⊕	⊕	●	⊕	⊕
	SAN	⊕	●	⊕	●	⊕	⊕	⊕	●	●	⊕	⊕	●
	ABS	⊕	●	⊕	●	⊕	⊕	●	⊕	●	●	●	●
	PBTP	⊕	⊕	⊕	●	⊕	●	⊕	⊕	●	●	⊕	⊕
	PETP	⊕	⊕	●	●	⊕	●	⊕	⊕	●	⊕	●	⊕
	PMMA	⊕	●	●	●	⊕	⊕	⊕	●	●	⊕	⊕	●

● sehr gut verträglich   ⊕ unverträglich

Abb. 7.2 Werkstoff-Verträglichkeits-Matrix für Kunststoffe /6/

Aus der Verträglichkeitsmatrix kann der Konstrukteur entnehmen, welche kombinierten Werkstoffe einer Altstoffgruppe unbeschränkt zugeordnet werden können. Wenn der Konstrukteur in einer Baustoffgruppe beispielsweise die Kombination von zwei verschiedenen Kunststoffen aus funktionalen Gründen benötigt, ist für ihn mit wenig Aufwand zu überblicken, ob und in welcher Spalte (Zumischwerkstoff) die entsprechenden Zeilen bzw. Felder (Matrixwerkstoff) schwarz aufgefüllt sind. Allgemein formuliert: Je mehr ein Feld durch ein Bewertungssymbol schwarz ausgefüllt ist, desto verträglicher ist der Zumischwerkstoff für den Matrixwerkstoff.

Für eine maschinelle Zerlegung im Massenstromverfahren müßten Kennzeichnungen in Form von Materialdotierungen vorgenommen werden, die sehr einfach und schnell maschinell zu analysieren sind. Derartige Kennzeichnungen sind natürlich nur dann sinnvoll, wenn die Identifikationsmerkmale einheitlich genormt werden.

Wichtige Angaben zur Werkstoffwahl sowie zu einer Zerlegungshierarchie und den vorgesehenen Zerlegungstechnologien könnten in einem unverlierbaren, maschinenlesbaren Verwertungspaß untergebracht werden. Derartige Überlegungen sind zur Zeit jedoch noch nicht konzipiert.

Erste Schritte in dieser Richtung werden gegenwärtig von der Automobilindustrie unternommen. So gibt die Richtlinie VDA-260 empfohlene Kennzeichnungen für verwendete Kunststoffe.

Die Qualität der Kunststoffrecyclingprodukte hängt im wesentlichen von der sortenreinen Erfassung der Kunststoffabfälle ab und erreicht demnach naturgemäß beim Produktrecycling die besten Ergebnisse. Es müssen noch erhebliche Anstrengungen unternommen werden, um die Qualität der Produkte aus vermischten Abfällen zu verbessern und ihre Wirtschaftlichkeit zu erhöhen.

Die Ergebnisse aller bisher dargestellten Anforderungen an recyclinggerechte Konstruktionen sollten zusammengefaßt und in ein Lastenheft für jedes Produkt aufgenommen werden. Die Forderungen des Heftes müssen ständig durch enge Zusammenarbeit von Entwicklung, Montage, Demontage und Zulieferbetrieben aktualisiert werden.

7.3 Recyclingarten

7.3.1 Recycling bei der Produktion

Produktionsabfall-Recycling ist die Rückführung von Produktionsabfällen nach oder ohne Durchlauf einer entsprechenden Behandlung in einen neuen Produktionsprozeß. Diese Recyclingart ist sehr wirtschaftlich und effektiv, da die zu verwertende Schrottart bekannt, unvermischt und damit ideal recyclingfähig vorliegt.

Die Entstehung von Produktionsabfällen unterliegt in einem beträchtlichen Rahmen der Verantwortung des Konstrukteurs. Durch seine bewußte Handlungsweise kann er die Recyclingvorgänge wesentlich unterstützen.

In der folgenden Zusammenstellung sind die wichtigsten Regeln zur Optimierung des Produktionsabfall-Recycling formuliert.

- Abfallminimierung: Fertigungsverfahren wählen, bei dem kein bzw. wenig Abfall entsteht.
- Rezyklierbarkeit: Abfall muß rezyklierbar sein. (Beim Einsatz von Kunststoffen möglichst Thermoplaste verwenden, da diese im Gegensatz zu Duromeren und Elastomeren leicht und ohne Wertverlust rezykliert werden können)
- Werkstoffvielfalt: Möglichst wenige verschiedene Werkstoffe verwenden
- Betriebsmittel, Hilfsstoffe: Auch sie müssen einschließlich ihrer Emissionen rezykliert werden.

Produktionsabfälle können bei gezieltem Einsatz von Reststücken weitestgehend vermieden werden. So lassen sich z. B. aus Blechtafeln, die beim Tiefziehen größerer Teile als Rest verbleiben, wiederum Kleinteile stanzen.

Größere Blechverschnitte können vermieden werden, indem das Prinzip der optimalen Raumausnutzung befolgt wird. Hierbei erweist sich ein computerunterstütztes Entwerfen der Grundrisse als vorteilhaft.

7.3.2 Produktgebrauchsrecycling

Das Recycling während des Produktgebrauchs hat zum Ziel, ein genutztes Produkt einer erneuten Verwendung zuzuführen. Es ist im Maschinenbau in sogenannten Austauscherzeugnisfertigungen verwirklicht /6/.

Die Aufarbeitung ist der vorherrschende Behandlungsprozeß während des Produktgebrauchs und dient der Wahrung oder Wiederherstellung der Produktgestalt und der Produkteigenschaften für eine erneute Verwendung. Im Gegensatz zur Instandhaltung, die auf Erreichung der vorgesehenen Nutzungszeit eines Produktes abzielt, dient das Recycling der Schaffung zusätzlicher Nutzungszyklen.

In den fünf folgenden Fertigungsschritten werden die Maßnahmen zum Produktgebrauchsrecycling durchgeführt:

1.) Demontage
2.) Reinigung
3.) Prüfen und sortieren
4.) Bauteile aufarbeiten
5.) Wiedermontage

Alle diese Aufarbeitungsschritte können durch allgemeingültige, übergreifende Konstruktionsmaßnahmen erleichtert werden. Diese Gestaltungsregeln sind:

- Verschleißlenkung auf niederwertige Bauteile
- Korrosionsschutz, Schutzschichten
- Zugänglichkeit, Standardisierung

Die aufgeführten allgemeingültigen Regeln werden im folgenden am Beispiel der Aufarbeitung eines Getriebegehäuses skizziert.

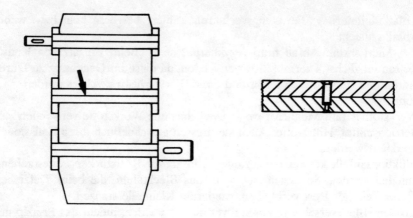

Abb. 7.3 Demontagegerechte Konstruktion von Paßstiften. Im Unterschied zu in Sacklöchern eingepaßten Paßstiften lassen sich Stifte aus durchgehenden Bohrungen ohne Beschädigung ausschlagen.

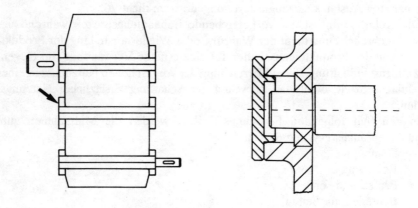

Abb. 7.4 Lösbare Deckelverbindung ermöglicht im Gegensatz zu eingepreßten Deckeln Reinigung.

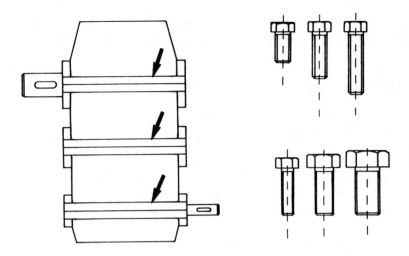

Abb. 7.5 Standardisierung der Gehäuseschrauben: Einheitliche Längen und Durchmesser oder nur Längenunterschiede (oben) oder nur Durchmesserunterschiede (unten)

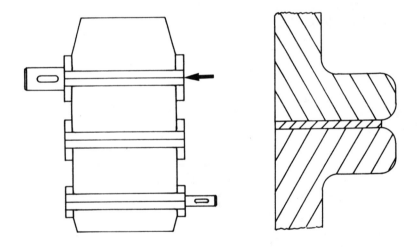

Abb. 7.6 Aufarbeitungsgerechte Gestaltung. Bearbeitungszugabe an den Dichtflächen ermöglicht Planfräsen bei verzogenem Gehäuse. Einstellen der Achsabstände durch Distanzbleche.

Eine weitere Möglichkeit, die Qualität von aufgearbeiteten Produkten zu verbessern, besteht darin, daß konstruktive Änderungen und Weiterentwick-

verbessern, besteht darin, daß konstruktive Änderungen und Weiterentwicklungen von neuen Produktgenerationen kompatibel zu früheren Geräten sind.

7.3.3 Materialrecycling (Altstoffrecycling)

Trotz hoher Lebensdauer, Instandsetzung und Aufarbeitung ist jedes Produkt einmal in seiner Gebrauchsfähigkeit erschöpft, und die Verwertung der Werkstoffe nach der Auflösung der Produktgestalt steht an. Die in den Produkten enthaltenen Materialien sollen möglichst als Werkstoffe gleicher Qualität weiterverwertet werden.

In der folgenden Tabelle sind die konstruktiven Anforderungen formuliert, die ein Materialrecycling unterstützen.

- Bauteile sollen aus weiterverwertbaren Werkstoffen bestehen
- Möglichst Einstoffprodukte anstreben
- Verträgliche Werkstoffkombinationen wählen, wenn Einstoffprodukt nicht möglich
- Bei unverträglichen Kombinationen leichte Zerlegung in Einstoffeinheiten vorsehen
- Auf gute Demontierbarkeit achten
- Problembauteile an einer Stelle leicht zugänglich konstruieren

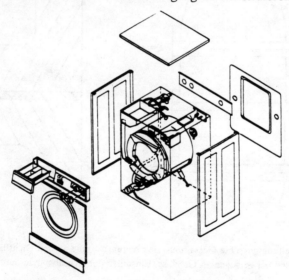

Abb. 7.8 Explosionsdarstellung des Frontladermodells /9/

Anhand der Konstruktion einer Waschmaschine soll nun die praktische Anwendung einiger angesprochener Gestaltungsregeln gezeigt werden. Die Abbildung 7.8 zeigt in einer Explosionsdarstellung das untersuchte Modell. Das

Produkt gliedert sich in Gehäuse, Schwingsystem, Antrieb, Wasserführung, Elektrik/Elektronik und Blende.

Das Gehäuse

Durch das Abnehmen der Vorder- und Rückwand ist die Demontage des gesamten Gerätes problemlos durchführbar. Die Wahl anderer Verbindungsarten (zur Zeit viele Verschraubungen) kann die Demontagezeit wesentlich verringern. Durch eine Werkstoffsubstitution wird das Trennen der Kunststoffe des Fensterrahmens (derzeit PP und ABS) nicht mehr nötig sein. Das eigentliche Gehäuse besteht aus einer Werkstoffgruppe (Stahlblech) und kann gut verwertet werden.

Das Schwingsystem / Der Antrieb

Die Kompaktheit der Baugruppe gestaltet die Demontage sehr zeitaufwendig. Werkstoffunverträgliche Preßverbindungen zwischen Aluminiumdruckguß und Stahl sind bei der Demontage problematisch. Eine entsprechende Lösungsvariante auf Werkstoffsubstitutionsbasis existiert inzwischen für die Riemenscheibe. Abb. 7.9. zeigt das alte Bauteil (Aluminiumdruckgußrad mit eingepreßter Stahlbuchse) und die neue komplette Aluminiumdruckgußkonstruktion.

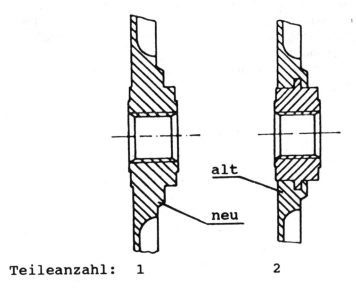

Teileanzahl: 1   2

Abb. 7.9   Riemenscheibe vor und nach der Werkstoffsubstitution /9/

Die Wasserführung

Aus Kosten- und Funktionsgründen ist die Wasserführung aus einer Vielfalt verwendeter Werkstoffe ausgeführt. Die Demontage ist schnell und problemlos durchführbar. Die Qualität der Rezyklate ist noch ungenügend.

Elektrik / Elektronik

Die Bestandteile der Elektrik / Elektronik sind über das gesamte Produkt dezentral, ihrer Funktion nach, angeordnet. Die Demontage ist leicht durchführbar, wobei allerdings die dezentrale Lage der Bauteile den dafür benötigten Zeitaufwand erhöht. Die Konzentration dieser Bauteile auf einem Trägerelement sollte bei einem Nachfolgemodell berücksichtigt werden, um die Demontagezeiten zu verringern.

Die Blende

Der Aufbau der Blende wurde im neueren Modell recyclinggerecht gestaltet, indem durch eine gezielte Veränderung der Bedientastenmechanik nahezu alle Metallteile aus der Blende entfernt wurden. Die verchromten Drehknopfeinsätze wurden recyclinggerecht durch farblich gekennzeichnete Drehknöpfe ersetzt.

7.4 Ausblick

Die in dieser Arbeit angeführten Beispiele zeigen, daß eine recyclinggerechte Konstruktion in vielen Fällen nicht Aufwand, sondern Bewußtheit des Konstrukteurs gegenüber der gestellten Problematik erfordert. Der Prozeß, den Recyclingaspekt beim Produktentwurf als Selbstverständlichkeit zu berücksichtigen, wird noch einige Zeit in Anspruch nehmen. Die Erstellung von entsprechenden Lastenheften kann dazu beitragen, den Recyclinggedanken schneller durchzusetzen.

Überlegungen einiger Herstellerfirmen, die Aufarbeitungsmöglichkeiten konstruktiv zu erschweren, um mehr Umsatz durch den Verkauf von Neugeräten zu erzielen, können durch eine bewußte Bevorzugung von neuwertigen Aufarbeitungsprodukten vom Verbraucher zunichte gemacht werden. Voraussetzung dafür ist, daß der Verbraucher die Gleichwertigkeit von Neu- und Aufarbeitungsgeräten akzeptiert. Ein Anreiz dafür kann sicher der um ca. 60 % geringere Preis (Beispiel: Getränkeautomaten, Industrieroboter) gegenüber Neugeräten und eine umfassende Garantiegewährleistung sein.

In vielen Bereichen kann sicherlich auch eine weitere Steigerung der Anzahl von Leasingverträgen recyclingfördernd sein. In diesen Fällen kann der Kunde gezielt mit aufgearbeiteten, modernisierten Produkten beliefert werden.

Die Anforderung der Abfallminimierung wird in Zukunft die Wahl der Fertigungstechniken in stärkerem Maße beeinflussen. Es ist anzunehmen, daß sich die Prioritäten von einer spanenden Fertigung hin zu einer spanlosen Umformung verschieben werden. Die Verfahren des Schmiedens und der Pulvermetallurgie werden voraussichtlich an Bedeutung gewinnen.

Auffallend groß ist zur Zeit noch die Niveaudifferenz zwischen Produktfertioptimierten Fertigung konkurrieren kann.

Nationale gesetzliche Forderungen an die Recyclinggerechtheit können zu einer Wettbewerbsverzerrung am internationalen Markt führen. Es müssen Vorkehrungen getroffen werden, die Wettbewerbsfähigkeit der verantwortungsvoll handelnden Firmen zu erhalten, wenn der Aufwand einer konventionellen "Weggwerfproduktion" deutlich überschritten wird.

Als Resümee bleibt die Feststellung, daß es zunehmend Bemühungen für ein recylinggerechtes Konstruieren gibt. Die Motivation dieses Handelns dürfte häufig in erster Linie in einer erhofften Werbewirksamkeit für das entsprechende Produkt begründet liegen. Möglicherweise aber ist genau dies in einer freien und sozialen Marktwirtschaft der richtige Weg, den Recyclingbemühungen zu einem schnellen und dringend nötigen Erfolg zu verhelfen.

7.5 Literatur

/1/   R. Ulrich, Erkenntnisse aus der Fertigung für die Entwicklung und Konstruktion von Recylingmotoren, VDI-Berichte 906, 1991, S. 127

/2/   K. von Oldenburg, Anforderungen an die Produktkonstruktion - Beispiele für ausgewählte Entsorgungspfade, VDI-Berichte 906, 1991, S. 193

/3/   R. Steinhilper, Industrielle Demontage von Serienprodukten - Praxis und Perspektiven, VDI-Berichte 906, 1991, S. 103

/4/   BMW, Erste Pilot-Demontage-Anlage für Altfahrzeuge, Rohstoff Rundschau 2/1991, S. 33

/5/   M. Kahmeyer, T. Leicht, Demontieren leicht gemacht, Kunststoffe 81 1991/12

/6/   VDI-Entwurf, Konstruieren recyclinggerechter Produkte, VDI Mai 1991

/7/   A. Berg, Recyclinggerechte Produkte und Produktionsplanung, VDI-Zeitschrift 133, 1991 Nr.11

/8/   W. Jorden, Konstruieren recyclinggerechter Produkte mit der neuen Richtlinie VDI 2243, 1991, S. 23

/9/   Wiedergegeben mit freundlicher Genehmigung des VDI-Verlages, Düsseldorf, aus: H. Jungenberg, Recyclinggerechte Produktionsgestaltung am Beispiel einer Waschmaschine, VDI-Bericht Nr. 906, 1991

8 Verschrottung und Wiederverwertung von Automobilen

Andreas Oelze, Ludger Kahlen

8.1 Einleitung

Die bisherigen Anstrengungen der Automobilindustrie zielten vorwiegend auf die Entwicklung leistungsfähiger, komfortabler und sicherer Fahrzeuge. Doch zunehmende Probleme bei der Entsorgung der Altautos lassen das Thema Recycling zu einer Aufgabe allererster Priorität werden.

8.2 Bisherige Entsorgungspraxis

Die Verschrottung ausgedienter Fahrzeuge verläuft bisher wie folgt: das Altfahrzeug gelangt über einen Altautoverwerter, der ggf. einige wiederverkäufliche Teile ausbaut, oder über Schrottsammelplätze zu einer von ca. 40 Shredderanlagen in Deutschland. Dort wird das größtenteils noch komplette Autowrack vorverdichtet und mit einer Hammermühle an einer Amboß-Kante in Stücke geschlagen, die erst bei Unterschreiten einer definierten Größe durch ein Rost den Shredderraum verlassen. Dabei wird schon ein wesentlicher Teil des flugfähigen Mülls durch die Entstaubungsanlage abgesaugt. Bei den nachgeschalteten Trennanlagen wird zuerst mittels eines Windsichters der Rest der Leichtfraktion ausgetragen. Danach trennt ein Magnetscheider den Stahlschrott von den Nichteisenmetallen, die durch Handsortierung und Schwimm-Sink-Anlagen weiter separiert werden /1/. Dabei erreicht die Wiedergewinnungsrate bei Stahl und Eisenwerkstoffen nahezu 100%, bei NE-Metallen über 90%. Dennoch verbleibt rund ein Viertel des Eingangsmaterials als Shredderleichtmüll, der heute hauptsächlich zur Deponierung gelangt.

8.3 Mengenmäßige Entwicklungen

Die eingangs schon erwähnten Bestrebungen der Automobilentwickler zur Erhöhung von Fahrzeugkomfort und -sicherheit sind die Gründe für das scheinbare Paradoxon, daß trotz forcierter Leichtbauweise das durchschnittliche Fahrzeuggewicht immer mehr zunimmt. Abb. 8.1 zeigt die mengenmäßige

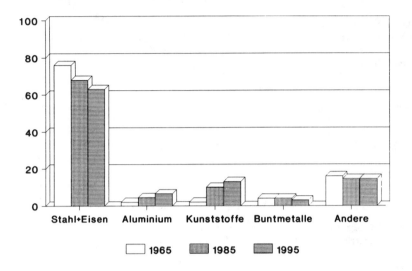

Abb. 8.1 Entwicklung der Anteile unterschiedlicher Werkstoffe im Automobil von 1965 an

Entwicklung der Werkstoffanteile im Auto von 1965, 1985 bis zu den geschätzten Werten für 1995. Bemerkenswert ist der Rückgang von Stahl und Eisenwerkstoffen zugunsten von Aluminium und Kunststoffen. Außer der dadurch erzielten Einsparung an Gewicht, die der Reduzierung von Kraftstoffverbrauch und der damit verbundenen Schadstoffemissionen dient, sprechen weitere Argumente für einen verstärkten Einsatz der Kunststoffe: Die Erhöhung der passiven Sicherheit, die Steigerung des Komforts durch angenehm griffige Oberflächen und schall- und wärmeisolierende Eigenschaften sowie eine gute Verarbeitbarkeit gerade bei der Herstellung kompliziert geformter Bauteile.

Diese Materialverschiebung ist eine der Einflußgrößen auf die Entwicklung des Shreddermüllaufkommens, wie sie in Abb. 8.2 dargestellt ist. Die zunehmende Motorisierung in den westeuropäischen Industrieländern hat dazu geführt, daß heute schon etwa 14 Millionen Altautos jährlich zur Entsorgung anfallen. Allein in Deutschland (alte Bundesländer) liegt das Altfahrzeugaufkommen derzeit bei über 2 Millionen pro Jahr. Hochrechnungen für das Jahr 2000 - bei einer durchschnittlichen Lebensdauer von 12,5 Jahren - lassen dann ca. 3 Millionen Autowracks erwarten. Zusammen mit dem steigenden Nichtmetallanteil führt das zu einer Zunahme der Shreddermüllmenge von derzeit etwa 500000 Tonnen pro Jahr auf ca. 800000 Tonnen pro Jahr /2/.

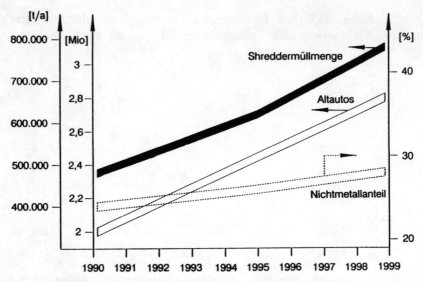

Abb. 8.2 Geschätzte Entwicklung der Shreddermüllmenge, der Altautozahlen und des Nicht-
metallanteils in den Altautos aufgrund heutiger Zulassungszahlen

8.4 Zustandekommen eines umfassenden Konzepts

Die Entwicklungen der letzten Jahre drohten die Schrottwirtschaft in eine ernste
Krise zu stürzen /3/:
- fallende Schrottpreise an den internationalen Märkten
- ein pro Altauto sinkender Metallanteil, der ja bisher das Wertschöpfungs-
  potential darstellt, bei gleichzeitig
- explodierenden Kosten für die Entsorgung des nicht verwertbaren Anteils
  durch die allgemeine Deponieraumverknappung und die wegen der Kon-
  taminierung mit PCB und Kohlenwasserstoffen geplante Einstufung der
  Shredderleichtmüllfraktion als Sondermüll (von 20-50 DM/t Mitte der 80er
  Jahre auf dann 500-1000 DM/t)
- Überlegungen der Automobilindustrie, aufgeschreckt durch die vom Gesetzgeber im Rahmen einer Altautoverordnung vorgesehene Rücknahmepflicht
  des Herstellers, die gesamte Altautoverwertung in Eigenregie durchzuführen.

Die Tatsache, daß sich die drei erstgenannten Probleme für jeden Autover-
werter stellen sowie die Einsicht, daß eine existentielle Bedrohung der mittel-
ständischen Altfahrzeugverwerter und eine Unterbindung des freien Wettbe-
werbs nicht das Ziel sein können, haben die Konkurrenzsituation etwas ent-
schärft.

Letztlich ausschlaggebend für eine Kooperation waren aber wohl eher
Ergebnisse aus Pilotdemontageanlagen, nach denen bei der Demontage nur
begrenzte Rationalisierungseffekte möglich sind /4/. Die zentrale Sammlung

nichtkomprimierter Altfahrzeuge würde zudem ein extremes Transportaufkommen bedingen, der Aufbau flächendeckender Demontagestationen immense Investitionskosten erfordern. Aus diesen Gründen will man, statt riesige Demontagefabriken zu errichten, die schon bestehende logistische Infrastruktur der Schrottwirtschaft nutzen.

Deshalb haben Automobilindustrie, Rohstoffindustrien und Schrottwirtschaft ein gemeinsames Konzept zur Altautoverwertung erarbeitet.

8.5 Konzept der Altautoverwertung

Das Konzept der zukünftigen Altautoverwertung, wie es die Verbände der beteiligten Industrien vorschlagen, sieht folgendermaßen aus (Abb. 8.3):

Der Letztbesitzer übergibt sein Altfahrzeug an einen vom Hersteller autorisierten, behördlich genehmigten Verwertungsbetrieb und erhält eine amtliche Annahme-Bestätigung, ohne die er sein Fahrzeug nicht abmelden kann. Restwert bzw. Kosten werden dabei frei ausgehandelt, was zur Ablieferung im ordentlichen Zustand motivieren soll. Beim Altautoverwerter erfolgt dann zuerst die Trockenlegung, wobei die abgelassenen Betriebsflüssigkeiten getrennt gesammelt werden, um sie der Mineralöl- bzw. chemischen Industrie zur Aufbereitung zu übergeben. Einzelne Verwertungswege sehen dabei folgendes vor /5/:

Motor- und Getriebeöl werden, jedes für sich, in einem Destillationsprozeß gereinigt, mit neuen Additiven versetzt und kommen als Zweitraffinat wieder auf den Markt.

Bremsflüssigkeit ist hygroskopisch und wird aufgrund hoher Sicherheitsanforderungen zu anderen Produkten wie Verdünnern oder Reinigungsmitteln verarbeitet.

Kühlflüssigkeit besteht zu mehr als 50 % aus Wasser, das Frostschutzmittel Ethylenglykol ist vollständig biologisch abbaubar. Trotzdem ist eine Wiederaufbereitung durch ein neues Destillationsverfahren unter Zugabe der notwendigen Additive (Kavitations- und Korrosionsinhibitoren) geplant.

Kältemittel sind heute noch FCKW (wie R12), die gereinigt und regeneriert, langfristig durch chlorfreie Mittel (wie R134a) ersetzt werden.

Als nächstes erfolgt die Demontage von Aggregaten und Ersatzteilen (z.B. Getriebe, Lichtmaschinen, Wasserpumpen), die nach entsprechender Aufarbeitung als Austauschteile wieder in den Handel gebracht werden.

Ein weiterer Demontageschritt gilt den überwiegend aus einer Komponente bestehenden Bauteilen, um deren Werkstoffe für das stoffliche Recycling, die chemische Aufbereitung oder eine hochgradig energetische Verwertung, d.h. mit möglichst hohem und konstantem Heizwert, zu gewinnen.

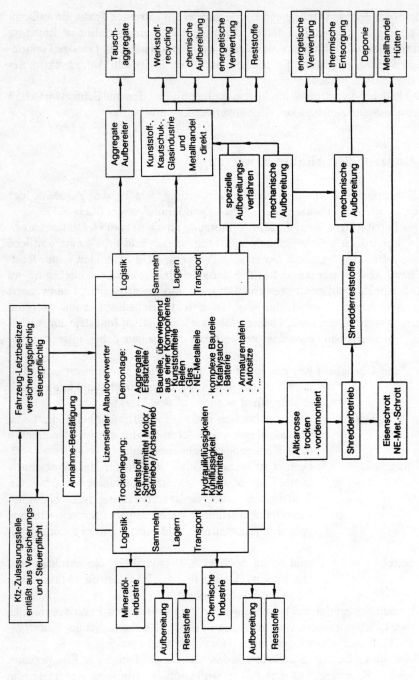

Abb. 8.3 Gemeinsames Konzept zur Altautoverwertung verschiedener Verbände

So bemüht man sich bei einigen der durchschnittlich mehr als 1000 Kunststoff-
teilen am Auto um eine originäre Wiederverwertung. Bekannteste Beispiele sind
Stoßfänger aus modifziertem Polypropylen (PP mod.), Kraftstofftanks aus
Polyethylen hoher Dichte (PE-HD) und Kühlergrills aus Acrylnitrilbutadiensty-
rol (ABS) /6/. Ein Wiedereinsatz auf niedrigerem Niveau in gering bean-
spruchten, nicht sichtbaren Bauteilen (z.B. als Kotflügelinnenauskleidungen,
Luftfiltergehäusen, Dämmatten) ist eigentlich bei allen sortenrein gewonnenen
Thermoplasten möglich.

Bei Autoreifen ist aufgrund der komplexen Verbundbauweise und der
vernetzten Molekularstruktur des Gummis eine stoffliche Verwertung so bald
nicht möglich. Mittelfristig versucht man, das Altreifenaufkommen von zur Zeit
ca. 350000 Tonnen pro Jahr in Deutschland durch Optimierung der Runder-
neuerung und der energetischen Nutzung in der Zementindustrie zu bewältigen.

Eingeschmolzenem Glas ist der Wiedereinsatz im Auto verwehrt, da Probleme durch Folien, Kleberreste, Rahmen, Dichtmassen, Drähte, unterschiedliche
Tönungen sowie, abhängig vom Hersteller, variierende Zusammensetzungen die
Einhaltung der strengen Qualitätsrichtlinien verhindern. Eine Wiederverwendung als Bauglas, Glasflaschen etc. ist aber durchaus möglich.

Die Entnahme von NE-Metallen konzentriert sich vor allem auf Alumini-
umlegierungen (Motorteile und Leichtmetallfelgen) und Kupfer (Kabelbaum).

Entnommene komplexe Bauteile wie Katalysatoren und Batterien werden
heute schon mit speziellen Verfahren aufbereitet. So lassen sich aus Katalysatoren die seltenen Edelmetalle Platin (ca. 5 g pro Kat.), Rhodium (ca. 1 g pro
Kat.) und evtl. Palladium durch pyrometallurgische oder naßchemische Verfahren zu über 98% zurückgewinnen. Die Hülle aus Edelstahl geht zurück an
Stahlwerke, die Schlacke des eingeschmolzenen Keramikmonolithen aus Ma-
gnesium-Aluminium-Silikat wird industriell eingesetzt oder deponiert. Die
Bestandteile von Autobatterien werden fast vollständig wiederverwertet: Die
Schwefelsäure wird aufbereitet, das Blei in Flammöfen zunächst zu Rohblei
verhüttet und schließlich zu Feinblei raffiniert, das PP-Gehäuse regranuliert.

Andere Bauteile aus einem Materialmix müssen für eine Verwertung mechanisch aufbereitet werden. So trennt man z.B. Autositze in Textilvliese, Poly-
urethanschaum (PUR), sogenanntes Gummihaar (latexgebundene Kokosfaser)
und anderes /7/.

Die derart trockengelegte und vordemontierte Karosse wird schließlich
einem Shredderbetrieb übergeben, der den nun schon stark reduzierten Leicht-
müll durch optimierte Prozesse noch für verschiedene Verwertungswege klassifi-
ziert. Dabei kommen neue und weiterentwickelte Verfahren zur Separation zum
Einsatz:
- Siebung
- Vibrationsrinnen, die nach dem Friktionsprinzip arbeiten und unterschiedli-
  che Reibbeiwerte nutzen
- Windsichtung mit Regulierung der Geschwindigkeit
- Magnetscheider
- Wirbelstromscheider

- Hydrozyklone, die auf Basis der Dichte trennen
- Abschmelztrennverfahren
- Laser-Spektralanalyse

Ziele sind die 100%-ige Wiedergewinnung der NE-Metalle, die Klassifizierung verschiedener Brennstoffqualitäten und eine evtl. mögliche Abtrennung spezieller Polymergemische zur stofflichen Verwertung.

Für derart abgestufte Fraktionen sind dann verschiedene energetische Verwertungsverfahren denkbar /8/:

- Verbrennung im Drehrohrofen im Zementwerk
- Verbrennung nach Mischung mit Klärschlamm
- Verbrennung unter reinem Sauerstoff mit anschließender Kohlenwasserstoffsynthese, Methanol- oder Harnstoffherstellung.

8.6 Konzeptvarianten

Die zuvor erläuterte Vorgehensweise bei der Entsorgung der Altfahrzeuge ist jedoch keineswegs die einzig mögliche. Die bedeutendste Variante, die zur Zeit kontrovers diskutiert wird, ist eine Strategie, wie sie die Mercedes-Benz AG und ihr österreichischer Projektpartner Voest-Alpine Stahl AG favorisieren. Sie baut als Alternative zum Shredderprozeß auf das metallurgische Recycling (Abb. 8.4).

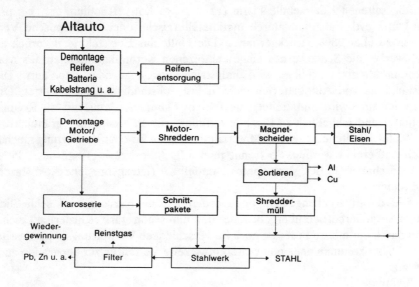

Abb. 8.4 Alternatives Konzept zur Altautoverwertung mit thermischer Nutzung der Leichtmüllfraktion zur Energieeinsparung, nach G. Walter, Mercedes Benz AG

Dabei wird die trockene, teildemontierte Karosse nach dem Paketieren einem Schmelzaggregat zugeführt. Der Energieinhalt der im Autowrack verbliebenen sowie zusätzlich beigemengten organischen Bestandteile wird dabei zur Einsparung von Primärenergie genutzt. Als Schmelzaggregat dient entweder ein kontinuierlicher Schachtofen oder ein Heißwindkupolofen mit nachgeschaltetem EOF-Stahlerzeuger. Entscheidender Nachteil des metallurgischen Verfahrens ist der auf 25-30% limitierte Anteil an Automobilschrott, um die Gehalte unerwünschter Eisenbegleiter zu begrenzen. Daraus ergibt sich eine zu installierende Schmelzkapazität von 10 Mio. t/a bzw. ein kaum vertretbarer Aufwand zur möglichst vollständigen Entfernung vor allem kupfer- und zinnhaltiger Teile. Für bestimmte Anwendungen, z.B. die Entsorgung nicht demontagefähiger Unfallfahrzeuge, Wohnmobile o.ä. erscheint dieses Verfahren jedoch sinnvoll.

8.7 Bewertung und Ausblick

Zusammenfassend kann festgestellt werden, daß das Problem der Altautoentsorgung noch längst nicht gelöst ist. Dabei sind neben der Entwicklung technischer Verfahren auch wirtschaftliche und politische Aspekte zu beachten. So könnte der eine oder andere Lösungsansatz trotz ökonomischer und ökologischer Vorteile allein an der negativen Akzeptanz in der Öffentlichkeit scheitern. Diese öffentliche Meinung machen sich auch Werbestrategien zunutze, die für Fahrzeugteile aus Kunststoffen die originäre, stoffliche Wiederverwertung als das einzig sinnvolle Recycling propagieren. Wenn dafür jedoch ein unverhältnismäßig hoher Aufwand an Energie und selbst schutzbedürftigen Medien (Luft, Wasser) zur Trennung und Reinigung erforderlich wird, führt sich das stoffliche Recycling ad absurdum. Zumal, wenn es keine Ressourcen schont /9/.

Die thermisch/energetische Nutzung von Bauteilen am Ende ihres Produktlebenszyklus (keine weitere Kaskadenverwendung möglich) erscheint im Hinblick auf die bisherige Verschwendung von Ressourcen (direkte Verbrennung von Erdöl) als eine sinnvolle Alternative.

8.8 Literatur

/1/ Auto und Recycling; Automobil-Industrie; Jg. 35, 3/1990, 291-297

/2/ Neue Konzepte für die Autoverwertung, VDI-Berichte Nr. 934, VDI-Verlag Düsseldorf, 1991

/3/ Auto-Industrie als Auto-Verwerter, Absatzwirtschaft 10/90, 38-43

/4/ Recyclinggerechte Konstruktion, VDI-Berichte Nr. 906, VDI-Verlag Düsseldorf, 1991

/5/ Was übrigbleibt, wenn Mercedes einen Mercedes wiederverwertet, Mercedes-Benz AG Stuttgart, PR/Ö 6720.003.00-0991

/6/ Kunststoffe im Automobilbau, Ingenieur-Werkstoffe 4 (1992) Nr. 3, 42-53

/7/ Recycling bei Volkswagen, Produkt- und Produktionsrecycling, Volkswagen AG Wolfsburg, 1991

/8/ G. Menges, W. Michaeli, M. Bittner, Recycling von Kunststoffen, Carl Hanser Verlag München, Wien 1992, S. 334-365

/9/ A. Weber, Technische Kunststoffe und Recycling, Ingenieur-Werkstoffe 2 (1990) Nr. 10, 19

9 Recycling von Verpackungsmaterialien

Michael Borbe, Achim Bürger

9.1 Einleitung

Das jährliche Hausmüllaufkommen in der Bundesrepublik Deutschland beläuft sich auf ungefähr 23,7 Millionen Tonnen (Stand 1991) /1/. Daran haben Verpackungen einen Anteil von rund 8 Millionen Tonnen.

Erst in den letzten 4 - 5 Jahren wurde ein Wiederverwerten von Verpackungswertstoffen im Hausmüllbereich von der Industrie vorangetrieben. In der Vergangenheit gab es, bis auf einige Ausnahmen (Glas, Papier), keinerlei ausgeführte Recyclingkonzepte. Das veränderte Umweltbewußtsein in der Bevölkerung zwang die Industrie zum Umdenken. Schließlich war das Inkrafttreten der Verpackungsverordnung der ausschlaggebende Faktor, das Wiederverwerten von Wertstoffen mit größerem Aufwand voranzutreiben. Dieses führte im Jahre 1990 zur Gründung der Gesellschaft "Duales System Deutschland", die sich zur Aufgabe gemacht hat, die Vorschriften der Verpackungsverordnung zu erfüllen und als eine Art Kontrollorgan die flächendeckende Verwertung von Verpackungsmaterialien zu gewährleisten. Hieraus entstand der "Grüne Punkt", der an Produkte mit recycelfähigen Packstoffen vergeben wird.

Dieser Beitrag soll einen Überblick über das Recyceln von Verpackungsmaterialien geben, welche hierzu nach Werkstoffgruppen getrennt betrachtet werden:

9.2 Keramik: Glasverpackungen

9.3 Verbundwerkstoffe I: Altpapier

9.4 Metalle: Weißblech und Aluminium

9.5 Kunststoffe

9.6 Verbundwerkstoffe II: Verbundpackstoffe

9.2 Keramik: Glasverpackungen

Das anorganische Soda/Kalk-Glas hat sich als Verpackung für abfüllbare Lebensmittel, insbesondere für kohlensäurehaltige Getränke, aufgrund seiner Temperaturunempfindlichkeit und Geschmacksneutralität bewährt. Daneben bietet die ausgezeichnete Eignung als Mehrweg- und Recyclingwerkstoff seit mehr als 20 Jahren die Grundlage für einen weitestgehend geschlossenen Materialkreislauf.

9.2.1 Das Mehrwegsystem

Den größten Anteil am Mehrwegsystem haben die Mineralbrunnengesellschaften und die Brauereien. Es kommt im bundesdeutschen System zu einer beachtlichen Rücklaufquote von ca. 99%, während die vor kurzem eingeführte "mehrwegfähige" Weinflasche, zu erkennen am Sternenkranz am Flaschenhals, Anlaufschwierigkeiten hat.

Vor der Reinigung der Flaschen in mehreren Spülgängen werden die Aluminiumverschlüsse maschinell entfernt und dem Al-Recycling zugeführt. Die Papieretiketten werden abgelöst, zu großen Ballen gepreßt und in der Papierindustrie mit einem Anteil von bis zu 50% der Produktion zugegeben.

Eine Flasche kann bis zu 50 mal gesäubert und befüllt werden, was im Vergleich zum Altglasrecycling in einer wesentlich günstigeren Ökobilanzierung zum Ausdruck kommt. Ausgesonderte Flaschen (Bruchglas) werden der Wiederverwertung zugeführt.

Der hohe Stellenwert des Mehrwegsystems wird deutlich, wenn man bedenkt, daß dessen Abschaffung eine Steigerung des Altglasaufkommens um ca. 20 Millionen m^3 pro Jahr zur Folge hätte /2/.

9.2.2 Die Wiederverwertung von Altglas

Das nach Farben getrennt gesammelte Altglas, 1991 waren es 2,3 Millionen Tonnen (= 63% des verwendeten Behälterglases), wird zum Recyceln sowohl vor als auch nach dem Shreddern mit Hilfe unterschiedlicher Sortiereinrichtungen von Fremdmaterialien getrennt.

Gerieten Fremdkörper in die Schmelzwanne, so entstünden im Glas Einschlüsse, die aufgrund ihrer Kerbwirkung eine Herabsetzung der maximalen Belastbarkeit nach sich zögen.

Die farbliche Vortrennung (Weiß, Braun, Grün) in den Altglascontainern ist von großer Bedeutung. Da selbst eine geringe Vermischung der unterschiedlich gefärbten Gläser unerwünschte Farbschattierungen verursacht, wird den Scherben in der Schmelzwanne Sand, Soda und Kalk zur Verbesserung der Farbqualität zugegeben /3/,/4/.

Tabelle 9.1 Benutzte Sortiereinrichtungen bei der Altglaswiederverwertung

Werkstoff	Abscheideverfahren
Metall -magnetisch -nicht magnetisch	Metall-Magnet-Abscheider induktive Metallsuchgeräte
Keramik	photomechanische Abscheider
Kunststoff	Absaugeinrichtung (für Leichtstoffe)

9.3 Verbundwerkstoffe I: Altpapier

Papier, Karton und Pappe gehören mit ihrem Anteil von 40% an eingesetzten Packmitteln zu den führenden Verpackungsmaterialien. Sie bestehen im Durchschnitt zu 90% aus Altpapier, was um 40% über der Einsatzquote von Altpapier in der allgemeinen Papierproduktion liegt:

Tabelle 9.2 Prozentualer Altpapiereinsatz in der Papierproduktion

Papier allgemein	Zeitungen	Verpackungen	
50%	70%	Faltschachteln Wellpappe Durchschnitt	: 80 - 90% : 100% : 90%

In der Regel kann Altpapier frische Fasern nicht vollständig ersetzen. Bei jedem Recyclingvorgang werden die Fasern kürzer und schwächer, so daß ohne eine Zufuhr neuer Fasern das Endprodukt die erforderliche Festigkeit nicht erreichen würde. Jede einzelne Faser kann 5 bis 8 mal wiederverwertet werden und wird anschließend der thermischen Verwertung zugeführt. Die Papierindustrie deckt auf diese Weise ihren Energiebedarf bis zu 30% ab.

Das Altpapier wird im Wasserbad in seine Einzelfasern aufgelöst und durch mehrstufige Reinigungsvorgänge von papierfremden Bestandteilen getrennt. Kunststoffbeschichtungen werden in einer Heißzerfaserungsanlage abgetrennt und Druckfarben mit Hilfe des "De-Inking" - Verfahrens entfernt.

Das "De-Inking" - Verfahren beruht auf einem Flotationsverfahren, mit dem die Druckfarben durch Chemikalien (Natronlauge, Peroxyd, Wasserglas, Seife) von den Papierfasern gelöst werden. In diese Suspension wird Luft eingeblasen und die Druckfarbenteilchen lagern sich auf den erzeugten Luftbläschen ab. Dieses aufbereitete Altpapier wird anschließend der Papierproduktion zugeführt /5/.

Die Qualität des recycelten Endmaterials steigt mit der Reinheit der Ausgangsstoffe. Eine getrennte Sammlung der Altpapiersorten (der Papiermarkt kennt ca. 40 Standard-Altpapierarten) nach Büropapieren, Zeitungen/Zeitschriften, Karton und Pappe ist die beste Basis für hochwertige Endprodukte, die nach Gebrauch wiederum besser recycelt werden können.

9.4 Metalle: Weißblech und Aluminium

Der Einsatz von Verpackungen aus metallischen Werkstoffen hat eine lange Tradition. Bedingt durch die Zugabemöglichkeit von Recyclingschrott in die Stahlproduktion ist eine ausgereifte Recyclingtechnik weltweit vorhanden.

In der Verpackungstechnik werden in erster Linie die Werkstoffe Aluminium (Behälter, Dosen, Folien) und verzinntes Weißblech (Dosen) eingesetzt, deren Mengen sich zusammen auf ca. 700.000 Tonnen/Jahr belaufen /6/:

Tabelle 9.3 Verbrauch und Recyclingrate von Packmitteln aus Metallen

	Verbrauch	Recyclingrate
Weißblech	600.000 to/a	50%
Aluminium	100.000 to/a	5%

9.4.1 Weißblech

Die Weißblechdose wird vornehmlich zur Konservierung von Lebensmitteln, zur Aufbewahrung von kohlensäurehaltigen Erfrischungsgetränken sowie, im Non-Food Bereich, zur Lagerung von Farben, Lacken, Lösungsmitteln etc. benutzt. Die Forderung nach Korrosionsbeständigkeit verlangt die Verwendung von verzinnten Weißblechen. Maßgeblich für dessen Rezyklierbarkeit ist die Möglichkeit zur Magnetabscheidung, die sowohl bei dem Müllverbrennungsschrott (MVS) als auch bei dem Müllseparationsschrott (MSS) angewendet wird.

Kennzeichnend für den MSS ist einerseits der hohe Zinngehalt sowie andererseits die in erheblichem Umfang anhaftenden Speisereste und Lackierungen.

Diverse Entzinnungsverfahren für den MSS ermöglichen eine Rückgewinnung des Zinns mit einer Reinheit von ca. 99%, obwohl eine starke Behinderung durch Fette aus Speiseresten diese Verfahren hemmen. Deutlich gestört wird die Entzinnung durch mitgetragenes Aluminium, das z.B. aus den Aufreißdeckeln von Getränkedosen stammt. Die Entzinnungsbäder schäumen durch Wasserstoffbildung auf und setzen somit die Leistung der Anlage herab. Desweiteren erweisen sich Kronkorken und Flaschendeckel als störend (Abb. 9.1).

Aufbau eines Kronkorkens

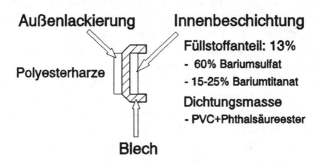

Außenlackierung

Polyesterharze

Innenbeschichtung

Füllstoffanteil: 13%
- 60% Bariumsulfat
- 15-25% Bariumtitanat

Dichtungsmasse
- PVC+Phthalsäureester

Blech

Abb. 9.1 Schematischer Aufbau eines Kronkorkens /7/

Eine bunte Außenlackierung zu Reklamezwecken und eine dicke Innenbeschichtung kennzeichnen den Aufbau derartiger Deckel. Während der Außenlack, aufgebaut auf einer Basis aus Polyesterharzen, zu keiner Beeinträchtigung der Schmelze führt, bereiten die Dichtungsmassen einige Probleme. Sie bestehen aus einem Füllstoffanteil von 13%, der zu rund 60% aus Bariumsulfat und 15 bis 25% Bariumtitanat zusammengesetzt ist. Die Dichtungsmassen selbst bestehen aus Polyvinylchlorid (PVC) mit einem aromatischen Karbonsäureester (Phthalsäureester) als Weichmacher. Dies führt zu einer Chlorkonzentration von 3,1 bis 3,9%, bezogen auf die Masse eines Deckels. Desweiteren erhöhen die an den Flaschendeckeln anhaftenden Glasreste den Oxidanteil der Schmelze /7/.

Am Beispiel der 0,33 l Getränkedose, sie wiegt z.Z. 33 g, wird die Gewichtsreduzierung aufgrund verbesserter Fertigungsverfahren deutlich. Das Anfang der achtziger Jahre eingeführte Tiefzieh - Abstreckverfahren bewirkte im Vergleich zur Technik der 60er Jahre eine Gewichtsreduzierung um ca. 60%. Auch wurde der mittlere beidseitige Zinnanteil auf 7,5 g/m^2 Blech gesenkt. Die Forderung nach "Verpackungsverminderung vor Wiederverwertung" wird weitere Gewichtsreduzierungen mit sich bringen /8/.

9.4.2 Aluminium

Der Anteil von Aluminium am Verpackungsaufkommen lag im Jahr 1988 bei ca. 1,25%. Dieses Aluminium war zu 50% Bestandteil von Verbunden, der Rest waren blanke bzw. lackierte Aluminium-Produkte, wie Getränke- und Spraydosen, Menueschalen und Folien /9/.

Die Verwendung als Verpackungsmaterial verdankt das Aluminium der günstigen Kombination seiner Gebrauchseigenschaften. Es ist geschmacks- und geruchsneutral, gas-, dampf- und lichtundurchlässig sowie in weiten Anwendungsbereichen hitze- und kältebeständig. Es ist zu einer Folie mit einer gering-

88

sten Dicke von z. Z. 6μm walzbar. Für die Produktion von Primäraluminium benötigt man im Vergleich zu anderen Materialien wie Stahl oder Glas einen wesentlich größeren Energieaufwand (Abb. 3.1); betrachtet man aber den komplexen "life-cycle", so kommt man zu einem anderen Ergebnis.

Das Recyceln von Aluminium, es ist zu 100% recycelfähig, verbraucht nur 5% der Energie, die für die Herstellung von Primäraluminium benötigt wird. Dieses Sekundäraluminium kann ohne Qualitätsverlust der Produktion zugeführt werden. Weiterhin ist es sinnvoll, nicht eine normierte Menge von 1 kg Packstoff in eine Ökobilanzierung einzubeziehen, sondern es muß die konkrete Verwendung mit eingehen. Hier bietet sich als Maß die Masse des eingesetzten Verpackungsmaterials normiert auf das Verpackungsvolumen an. Bezieht man weiterhin die Zugfestigkeit auf die Dichte, die mit 2,7 g/cm³ rund 3 mal niedriger ist als die Dichte von Stahl, so wird ein Vorteil des Aluminiums sichtbar. Eine 0,33 l Al-Getränkedose wiegt beispielsweise nur 16 g, während die entsprechende Weißblechdose 33 g auf die Waage bringt.

Vergleicht man den Primärenergieverbrauch für das Verpacken von einem Liter Bier in Einwegglasflaschen, in Weißblech-Getränkedosen und in Aluminiumgetränkedosen in Abhängigkeit zur Recyclingrate, so erweist sich die Aluminiumdose als die energiegünstigste Einweg-Verpackung (Abb. 9.2) /10/.

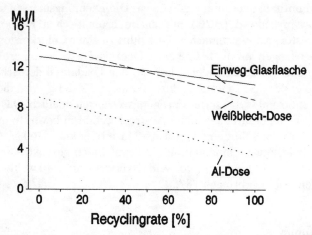

Abb. 9.2 Kumulierter Primärenergieverbrauch für das Verpacken von einem Liter Bier /10/

Diese Zahlen relativieren sich jedoch, wenn man bedenkt, daß die Recyclingrate des in Verpackungen eingesetzten Aluminiums in der Bundesrepublik bei 5% liegt. Nur mit Hilfe entsprechender Sammelsysteme wäre man in der Lage, hohe Recyclingquoten zu erreichen, wie dies z. B. in Schweden oder in den USA der Fall ist. Während die anfallenden Al-Verpackungen (Menueschalen, Folien) in Krankenhäusern, Großküchen etc. schon seit mehreren Jahren gesammelt und direkt der Aluminiumverwertung zugeführt werden, bietet die im Rahmen des dualen Systems eingeführte Wertstofftonne nur dann eine Lösung des Problems, falls automatisierte Sortieranlagen das Aluminium detektieren könnten. Diese Technik wird aber erst in einigen Jahren bereitstehen, so daß man sich erneut Gedanken über die Erhebung eines Pfands für Al-Getränkedosen machen sollte. Während dieses eher eine logistische Herausforderung darstellt, verlangt die Problematik der Verbundsysteme mit Al-Bestandteilen technische Innovationen, die im Abschnitt "6: Verbundwerkstoffe II" diskutiert werden.

9.5 Kunststoffe

Es fallen pro Jahr rund 1,1 Millionen Tonnen Verpackungen aus Kunststoffen an (14% der gesamten Packstoffmenge), die sich wie in Abb. 9.3 gezeigt aufteilen:

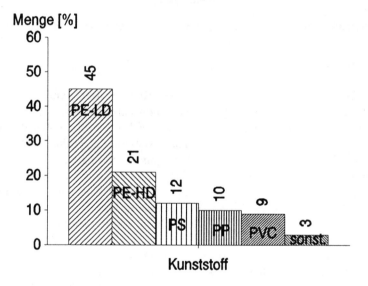

Abb. 9.3 Für Verpackungen eingesetzte Kunststoffe, Stand 1988

Die verschiedenen Modifikationen von PE decken mit einem Gesamtanteil von 66% den weitaus größten Bereich ab. Auffallend ist, daß 97% der Verpackungen aus den sogenannten Massenkunststoffen PE, PS, PP und PVC hergestellt werden.

Die Einsatzgebiete der Kunststoffe in Verpackungen sind in Abb. 9.4 aufgeführt. Hier machen Folien, Taschen und Säcke über 50% der Packmittel aus /11/.

90

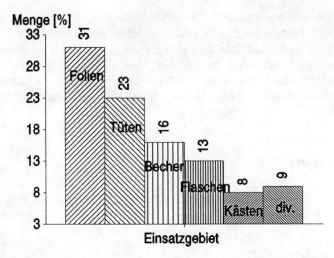

Abb. 9.4 Kunststoff-Packmittel-Produktion in der Bundesrepublik Deutschland, Stand 1988 /11/

9.5.1 Gemischte Kunststoffabfälle

Während über das Recyceln von sortenreinen Kunststoffen breite Erfahrungen vorliegen, gibt es bei der Wiederverwertung gemischter Kunststoffabfälle einige Probleme. Aus den verdreckten und gemischten Kunststoffabfällen der Wertstofftonne, die z. Z. im Rahmen des dualen Systems eingeführt wird, müssen sortenreine Fraktionen gewonnen werden, damit konkurrenzfähige Produkte entstehen können. Vorausgesetzt wird eine automatisierte Vorsortierung nach Thermoplasten, Elastomeren und Duromeren. Zahlreiche Pilot- und Laborprojekte in Europa versuchen diese Problematik zu lösen.

Die am weitesten verbreitete Recyclingtechnik von sortenreinen Thermoplasten ist das sogenannte Schwimm-Sink-Verfahren. Hier erfolgt eine Trennung nach der Dichte der Einzelfraktionen. Als Fluid wird Wasser benutzt. Da PE und PP leichter als das Medium sind, schwimmen sie auf und man erhält, gekoppelt mit einem Hydrozyklon, Reinheiten von ca. 99,5%. (Abb. 9.5) /11/.

Die wegen der höheren Dichte absinkende Schwerfraktion enthält PS, PVC und PE/PP-Reste. Dieses Gemisch kann zu großvolumigen Profilen und Formteilen, wie z. B. Flaschenkästen, Stoßfängern und Kraftstofftanks verarbeitet werden.

Man spricht hierbei von einem Kaskadenverfahren. Aus höherwertigen Produkten entstehen niederwertigere Recyclate. Dieses gilt auch für das Rezyklieren von PVC-Flaschen zu Kanalrohren. Andere Beispiele wären Bodenbeläge, Dachbahnen und Elektrokabelisolationen aus PVC-Rezyklaten /12/.

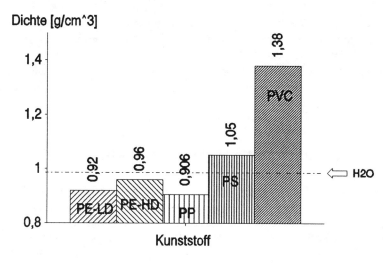

Abb. 9.5 Dichte der in Verpackungen eingesetzten Massenkunststoffe (Thermoplaste) /12/

Die Wirtschaftlichkeit dieser Verfahren ist in großem Maße von Reinheit und Qualität der Stoffgemische abhängig. Zuschläge, die Kunststoffen während der Herstellung beigemengt werden sowie anhaftende Fremdmaterialien behindern den Recyclingprozess und verringern die Qualität der Endprodukte, so daß man sich, je nach Ausgangsmaterial, die Frage nach einer kontrollierten thermischen Verwertung stellen sollte. Unkonventionelle Recyclingmethoden, wie Pyrolyse, Hydrolyse, Hydrierung und die Blendtechnologie werden z. Z. für die Verpakkungsaufbereitung weiterentwickelt /13/.

9.5.2 Sortenreine Kunststoffe

Eine bessere Voraussetzung für das Rezyklieren bietet eine sortenreine Sammlung der Verpackungsmaterialien, wie z.B. bei Mehrwegsystemen oder PET-Sammelbehältern. Die 1,5-l-PET-Mehrwegflasche ist neunmal leichter als die entsprechende Glasflasche und kann ebensooft wiederbefüllt werden. Nach einer Lebensdauer von ca. 5 Jahren kann sie beispielsweise zu Fasern extrudiert, gesponnen und zu Teppichböden verarbeitet werden /14/.

Alternative Recyclingmethoden verzichten auf eine Naßreinigung zugunsten einer Trockenseparation der Fremdstoffe. Da man keine 100%-ige Trennung erreichen kann, beeinflussen die Fremdstoffe die Qualität der Endprodukte. Bei der Wiederverwertung von Farbeimern und Weichspülerflaschen ergeben sich Recyclingkunststoffe mit einem extrem veränderten Eigenschaftsprofil /15/.

Der große Unterschied zu anderen Materialien (wie Aluminium oder Glas) ist, daß man nicht von einem Materialkreislauf, sondern eher von einer Materialspirale sprechen muß. Am Ende des Lebenszyklus von Kunststoffen steht die thermische Verwertung, da man ein Gemisch unterschiedlichster Kunststoffe erhält, die mit einem zu vertretenden Aufwand nicht mehr zu neuen Produkten verarbeitet werden können.

Ein neuer Weg zur Lösung der Verpackungsproblematik wird in der Entwicklung von biologisch abbaubaren Kunststoffen aus Kartoffelstärke gesehen, die im folgenden Beitrag behandelt werden.

9.6 Verbundwerkstoffe II: Verbundpackstoffe

Aufgrund der Tatsache, daß für das Verpacken von Lebensmitteln und deren Vermarktung kein idealer Monopackstoff existiert, wurden zahlreiche Verbundpackstoffe entwickelt. Hierzu zählen zum einen die flexiblen Verbunde, wie Mehrlagen-Folien, PE-beschichtetes Papier und thermoplastbeschichtete Al-Folien und zum anderen die mehrlagigen Getränkekartons und mehrlagige Kunststoffflaschen.

Das stoffliche Recyceln dieser Produkte ist mit sehr großen Schwierigkeiten verbunden. Der wirtschaftliche Anreiz ist sehr gering, da von den Verbundmaterialien, bei denen sich Recycling lohnt, nur so wenig verwendet wird, daß in der Summe der Einzelkomponenten die gewünschten Eigenschaften gerade erzielt werden. Weiterhin ist der Aufwand für die notwendige Reinigung vergleichsweise hoch. Auch setzt ein sortenreines Recyceln die Trennung in die Bestandteile voraus. Da jedoch die Schichten meist untrennbar miteinander verbunden sind, muß man sich mit einem gemischten Recycling zufrieden geben.

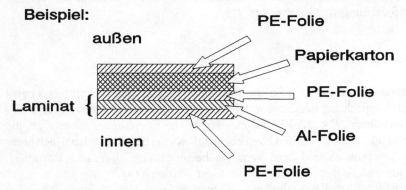

Abb. 9.6 Querschnitt durch einen Getränkekarton (TetraPak)

Aus wirtschaftlichen Gründen ist dehalb nur das Recyceln von Getränkekartons interessant, die mit einem Jahresaufkommen von ca. 165.000 Tonnen (Stand 1990) den mengenmäßig größten Anteil am Verbundpackstoffaufkommen haben. Ausgelöst durch die neue Verpackungsverordnung wurden zahlreiche Rezyklierverfahren für Verbundverpackungen entwickelt, die zur Zeit in diversen Pilotanlagen erprobt werden.

Das folgende Verfahren, entwickelt von der VAW-Lünen, soll Ende 1993 großtechnisch realisiert werden. Beim recycelten Getränkekarton (Handelsname: TetraPak) handelt es sich um einen Mehr-Lagen Verbund (Abb. 9.6). Einer außen aufgebrachten PE-Folie folgt ein Papierkarton, anschließend ein Laminat, zusammengesetzt aus einer beidseitig mit PE beschichteten Al-Folie.

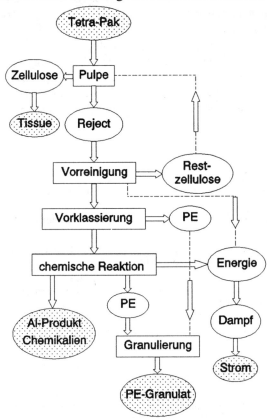

Abb. 9.7 Recyclingverfahren für Getränkekartons, entwickelt von VAW-Lünen /17/

Dem Karton wird in der ersten Phase mittels einer Papiermühle das Papier entzogen, aus dem Papiertücher (Tissues) hergestellt werden (Abb. 9.7). Man erhält ein sogenanntes "Reject", ein Verbundmaterial aus PE, Al und Restzellulose. Nachfolgende Verfahrensschritte erzeugen dann reines PE, Aluminiumoxid und Chemikalien auf Al-Basis. Die freiwerdende Energie wird in elektrische Energie umgewandelt.

Die Kapazität dieser Anlage soll ca. 30.000 - 40.000 Tonnen Getränkekartons pro Jahr betragen /16/.

Andere Verbundsysteme werden auch in nächster Zukunft aus den schon erwähnten finanziellen Aspekten nicht recycelt werden können, sondern müssen der thermischen Verwertung zugeführt werden.

9.7 Abschlußbemerkung

Der Erfolg eines flächendeckenden Recyclingsystems in der Bundesrepublik Deutschland hängt in erster Linie von der Bevölkerungsakzeptanz ab, die entsprechenden Sammelsysteme zu benutzen und die ökologisch sinnvolleren Produkte zu kaufen. Auch die Industrie sollte, wie teilweise schon geschehen, die Prämisse Verpackungsvermeidung vor Verpackungsverwertung in den Vordergrund stellen. Desweiteren ist es von Nöten, durch die Aufstellung entsprechender Energiebilanzen die ökologisch und technisch sinnvolleren Verpackungsarten, je nach Anwendungsgebiet, zu ermitteln.

9.8 Literatur

/1/   N.N.: Die EG erstickt am Müll; Spiegel Spezial (1992) 1, Seite 85-98

/2/   N.N.: Recycling auf ganzer Linie; Packung und Transport (1991) 3, Seite 31-32

/3/   Informationsblatt: Behälterglas-Recycling; Bundesverband Glasindustrie und Mineralfaserindustrie, Düsseldorf Februar 1992

/4/   Informationsschrift: Über das Recycling von Glas; Fachvereinigung Behälterglasindustrie, Düsseldorf 1992

/5/   Informationsschrift: Umwelt und Papier; Verband Deutscher Papierfabriken, Bonn 1992

/6/   Informationsschrift: Weißblechdosen - Wiederverwertung inklusive; Informationszentrum Weißblech e.V., Düsseldorf 1992

/7/   Ullrich, W., Schicks, H.: Aspekte zum Recycling von metallisch beschichtetem Stahl; Stahl und Eisen 111 (1991) 11, Seite 85-92

/8/   Cohscheidt, G., Täffner, K., Weber, F.: 50 Jahre elektrolytisch verzinntes Feinstblech; Stahl und Eisen 104 (1984) 25/26, Seite 1321-1326

/9/   Wirtz, A.H.: Duale Abfallwirtschaft in Deutschland - Position des Packstoffs Aluminium; Aluminium 67 (1991) 5, Seite 412-417

/10/   Gilgen, P.W.: Aluminium in der Kreislaufwirtschaft; Erzmetall 44 (1991) 6, Seite 293-302

/11/   Kunststoff-Taschenbuch; Carl Hanser Verlag 1989, 24. Auflage

/12/   Doerenkamp, K.H.: Die Kunst mit Kunststoff; FAZ-Verlagsbeilage Recycling - Entsor-
        gung - Umwelttechnik (1991) 257, Seite B12

/13/   Menges, G.: Neue unkonventionelle Recyclingmethoden für gemischte Kunststoffabfälle;
        Swiss Plastics 13 (1991) 4, Seite 33-47

/14/   N.N.: PET - Mehrwegflasche als Kunststoffaser - Lieferant; Kunststoffe 80 (1990) 9,
        Seite 941

/15/   Käufer, H.: Verpackungsrecycling; Schriftenreihe Kunststoff Recycling Zentrum Ver-
        band, Berlin (1991) 2

/16/   Bings, H.; persönliche Mitteilung, VAW - Lünen, Sparte AIR - Aufbereitung industriel-
        ler Abfälle

10 Biologisch abbaubare und nachwachsende Werkstoffe

Matthias Heinz, Erhard Hornbogen

10.1 Einführung

Nach Angaben des Bundesumweltamtes werden derzeit in den alten Bundesländern jährlich circa 1 Million Tonnen Kunststoffe als Verpackungsmaterialien verwandt. Dies bedeutet einen stetig wachsenden Müllberg, der durch Ablagerung auf Deponien auf Dauer nicht bewältigt werden kann, da der Deponieraum begrenzt ist.

Neben dem Recycling der Kunststoffabfälle oder deren Verbrennung, um zumindest die dadurch entstehende Energie zu nutzen, muß nach weiteren umweltfreundlichen Alternativen gesucht werden.

Ein sehr erfolgversprechender Ansatz in diese Richtung stellt die Produktion nachwachsender und abbaubarer Materialien dar, die sowohl die Ressourcen schonen, als auch einen Beitrag dazu leisten, das Müllaufkommen zu verringern.

Durch die Verwendung nachwachsender Rohstoffe ließe sich ein erheblicher Teil petrochemischer Rohstoffe einsparen, wenn der energetische Aufwand für Erzeugung, Ernte und Verarbeitung nicht zu groß ist, denn im allgemeinen wird ein fermentiertes Produkt, wie PHB, oder ein Produkt aus intensiver Landwirtschaft, wie Stärke, mehr Energie verbrauchen als PE, PP oder PVC aus Rohöl /1/.

Ein weiterer Vorteil nachwachsender Werkstoffe liegt im geschlossenen CO_2-Zyklus, den diese Produkte besitzen. Das bedeutet, daß nur genau so viel CO_2 bei ihrer mikrobiologischen Zersetzung, oder ihrer Verbrennung freigesetzt wird, wie vorher zur Bildung der Ausgangsprodukte verbraucht wurde.

Im Gegensatz dazu stellt sich bei der Verwendung von fossilen Rohstoffen wie Erdöl, genauso wie bei der Energiegewinnung aus ihnen, das Problem, daß der in lebenden Systemen früherer Epochen gebundene Kohlenstoff in großen Mengen als CO_2 wieder in die Atmosphäre zurückkehrt. Dies führt dazu, daß der CO_2-Gehalt in der Atmosphäre, der derzeit ca. 0,03 Vol.% ausmacht, ständig ansteigt, da nicht im gleichen Maße CO_2 durch Biosynthese verbraucht wird. Dieser Mechanismus wird für den sogenannten Treibhauseffekt, also für die globale Erwarmung der Erdatmosphäre, verantwortlich gemacht.

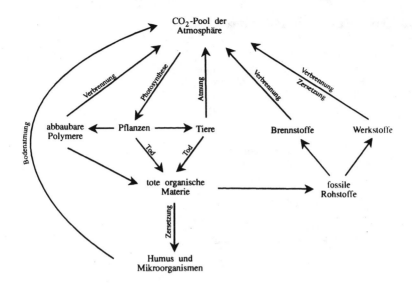

Abb. 10.1 Biologisch abbaubare Werkstoffe im Kohlenstoffkreislauf

Die ersten Entwicklungen von abbaubaren Polymeren zielten auf Anwendungen in Gebieten, in denen die Eigenschaft der Abbaubarkeit den eigentlichen technischen Nutzen darstellt. Dazu zählen die Anwendungen biologisch abbaubarer Polymere als hochwertige Hilfsmittel in der Medizin, zum Beispiel in Form von chirurgischen Nähfäden, Kapseln zur gezielten Freisetzung von Medikamenten oder resorbierbaren Implantaten. Hier spielen erhöhte Herstellkosten und ein hoher Verarbeitungsaufwand eine untergeordnete Rolle.

Auch bei Agrarfolien steht der technische Aspekt der Abbaubarkeit und nicht die Entsorgungsproblematik im Vordergrund. Agrarfolien fördern das frühe Wachstum von Pflanzen, müssen aber bei Verwendung automatischer Erntemaschinen entfernt werden. Der Gebrauch abbaubarer Folien macht eine mechanische Entfernung , die zu einer Schädigung der Pflanzen führen würde, überflüssig, da sie nach der Ernte untergepflügt werden können und sich dann im Erdboden zersetzen. Dabei können sie sogar noch dem Boden Nährstoffe zuführen.

Will man bioabbaubare Polymere als Verpackungsmaterialien verwenden, so steht hier der Schutz des Verpackungsinhaltes im Vordergrund. Das bedeutet, daß erhöhte Anforderungen an das Material gestellt werden, da ein vorzeitiger Zerfall zu Verlusten und Verunreinigungen der abgepackten Produkte, bzw. zu einer Gefährdung der Umwelt bei nicht sicher verpackten toxischen Substanzen führen könnte. Für Lebensmittelverpackungen müßten toxikologisch bedenkliche Wechselwirkungen zwischen Packstoff und Lebensmittel bei vorzeitigem Zerfall ausgeschlossen werden /2/.

10.2 Einteilung der Polymere

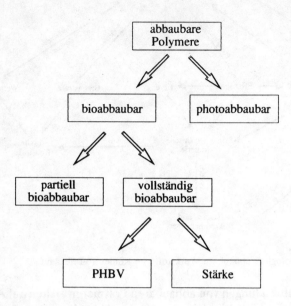

Abb. 10.2 Einteilung abbaubarer Polymere

Abbaubare Polymere erfahren eine Zerstörung ihrer Kettenstruktur. Dadurch wird das Formteil spröde und zerfällt in kleinere Teile. Idealerweise kann bis zu Kohlendioxid und Wasser abgebaut werden.

Man unterscheidet abbaubare Polymere durch die Mechanismen, die die zum Abbau notwendigen Kettenspaltungen hervorrufen. Diese können photochemischer oder mikrobieller Natur sein, wobei die letzteren noch in vollständig und partiell biologisch abbaubar unterschieden werden.

Photoabbaubare Polymere: In konventionellen Kunststoffen können UV-empfindliche Additive gezielt eingebaut werden, so daß die Polymerketten unter dem Einfluß von Sonnenlicht in einzelne Bruchstücke zerfallen.

Photochemisch abbaubare Polymere sind schon in verschiedenen Formen auf dem Markt. Ihr wohl derzeitig erfolgreichstes Beispiel ist ein Sechserpack-Ringgebinde aus einem Ethylen-Kohlenmonoxid-Copolymer, das in einigen US-Bundesstaaten eingesetzt wird /1/.

Biologisch abbaubare Polymere: Biologisch abbaubare Polymere beruhen auf der Nutzung von Materialien, die in der Natur durch Stoffwechselvorgänge abgebaut werden. Zu diesem Zweck können in konventionellen Polymerwerkstoffen mikrobiell angreifbare Strukturen, z. B. Stärke, eingesetzt werden, oder

der Werkstoff besteht vollständig aus abbaubaren Polymeren, die durch Bakterien in einem Fermentationsprozeß synthetisiert werden.

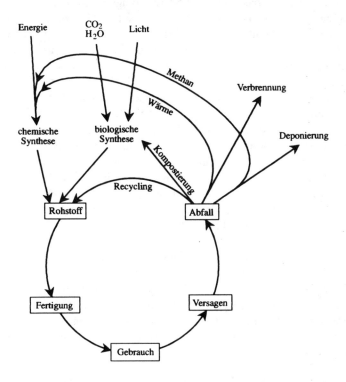

Abb. 10.3 Werkstoffkreislauf abbaubarer Polymere

Der Kreislauf der Werkstoffe, der vom Rohstoff bis zum Abfallprodukt formal nicht von dem anderer Werkstoffe zu unterscheiden ist, stellt sich also so dar, daß aus CO_2 , H_2O, Licht und im Boden gespeicherten Nährstoffen, beispielsweise stickstoffhaltigen Substanzen, in Pflanzen die Ausgangsprodukte durch biologische Synthese aufgebaut werden, die zur Produktion von Polymerwerkstoffen nötig sind.

Zur Weiterverarbeitung dieser Stoffe ist nun Energie nötig, die zum Teil aus der Verwertung des Abfalls durch Verbrennung oder durch Methanproduktion bei anaerober Zersetzung in Deponien gewonnen werden kann.

Der große Unterschied zu herkömmlichen Polymeren ist jedoch, daß die Kompostierung eine entscheidende Bedeutung gewinnt, da sie bei biologisch abbaubaren Polymeren wirklich möglich ist.

Partiell biologisch abbaubare Polymere: Werden konventionellen Polymeren abbaubare Strukturen wie Stärke zugesetzt, was derzeit bis zu einem Grad von 25 % möglich ist, so spricht man von partiell abbaubaren Polymeren.

Z. B. vertreibt die Firma AVP aus Auerbach/Opf. Müllbeutel, Plastiktüten und Einwegbesteck aus Polyäthylen, dem zu 10 % bis 25 % ein Stoff mit der Bezeichnung Ecostar, basierend auf Stärke ,beigemischt ist.

Nach einem Gutachten des Bundesamtes für Materialforschung (BAM), Berlin, hat die untersuchte LDPE-Folie in einer dreimonatigen Kompostierungszeit 69 % ihrer Festigkeit verloren. Die ebenfalls untersuchte HDPE-Folie verlor im gleichen Zeitraum 54 % ihrer Festigkeit. Diese Folien haben sich damit stärker zersetzt als normale PE-Folien in 100 Jahren /3/.

Dies bestätigt auch ein Gutachten vom Centrum voor Polymere Materialien "TNO", Delft (Niederlande). Die dort angestrengten Untersuchungen zum biologischen Abbau der Bio-Folie haben ergeben, daß das HDPE-Polymer mit einer "Ecostar-Plus"-Beimischung erheblich schneller abgebaut wird als normale Folie. Die biologische Zerfallsprüfung ergab unter mikrobakterieller Einwirkung eine eindeutige Zersetzung des Polyäthylens durch Umwandlung in CO_2.

Bei dieser biologischen Umwandlung stellte sich desweiteren heraus, daß keine schädlichen Stoffe gebildet werden. Die Zersetzung führt nicht zur Bildung toxischer Zwischenprodukte /4/.

Angaben der Vertreiberfirma zufolge ist dieses Bio-Polyäthylen zur Fertigung aller nur erdenklichen Verpackungsarten, wie Tragetaschen, Müllsäcke, Tiefziehfolien, Flaschen etc. geeignet. Ideal sei diese Folie auch als Sammelbehältnis für reine Bio-Kompostierung, da die Stabilität durch die zu sammelnde feuchte Biomasse nicht beeinträchtigt wird, da zum schnellen Abbau neben den Mikroorganismen auch erhöhte Komposttemperaturen benötigt werden.

Allerdings sind die Bioprodukte bei normaler Biobeimischung um ca. 40 % teurer als die herkömmlichen.

Vollständig abbaubare Polymere: Eine weitere Möglichkeit, Polymerwerkstoffe zu erhalten, die unter geeigneten Bedingungen zerfallen und damit weder verbrannt noch auf lange Sicht deponiert werden müssen, besteht darin, alternative Rohstoffe einzusetzen, die synthetische Polymere vollständig als Werkstoff ersetzen können.

In diesem Zusammenhang soll auf zwei mögliche Stoffe eingegangen werden, die die Anforderungen erfüllen könnten.

10.3 Anwendungsbeispiele

10.3.1 Stärke

Die Verwendung von Stärke verspricht einige wesentliche Vorteile:
- Sie steht als nachwachsender Rohstoff in unbegrenzter Menge zur Ver fügung.
- Die Gewinnung von Stärke aus Kartoffeln, Weizen, Mais u. ä. fördert den Abbau von Überproduktionen.

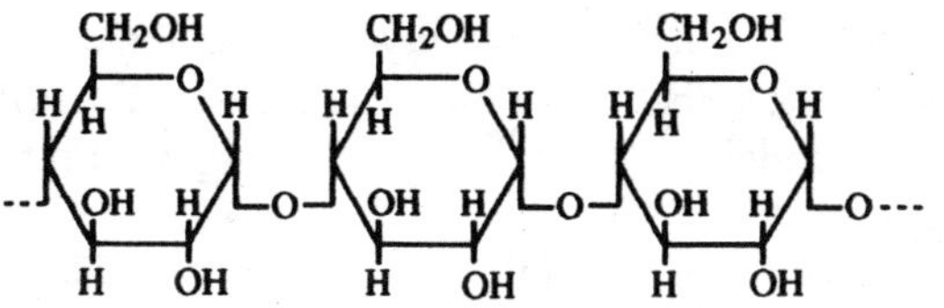

Abb. 10.4 Strukturformel der Stärke

- Sie besitzt, wie vorher erwähnt, einen geschlossenen CO_2-Zyklus. D. h., daß diese Polymere keinen Beitrag zum sogenannten Treibhauseffekt leisten.
- Sie kann unter bestimmten Bedingungen mit herkömmlichen Kunststoffverarbeitungsmaschinen thermoplastisch verarbeitet werden und besitzt dabei ähnliche mechanische Eigenschaften wie thermoplastische Kunststoffe, wie eine Diplomarbeit am Institut für Werkstoffe an der RUB aus dem Jahre 1991 zeigt /5/.

Inhalt dieser Arbeit waren Untersuchungen der verarbeitungstechnischen und mechanischen Eigenschaften von Kartoffelstärke bei der Extrusion und beim Spritzguß.

Es wurde gezeigt, daß mit Hilfe der für die Thermoplastverarbeitung üblichen Schneckenmaschinen eine Verarbeitung von nativer Kartoffelstärke durchaus möglich ist. Die pulverförmige Stärke wurde mittels eines herkömmlichen Einschneckenextruders zu einem Granulat verarbeitet, das durch Extrusion und Spritzguß weiterverarbeitet werden konnte.

Durch Optimierung der Versuchsparameter Temperatur, Wassergehalt, Drehzahl und Einspritzdruck konnten Proben für Zugversuche hergestellt werden, deren mechanische Eigenschaften mit einer mittleren Zugfestigkeit von ca. 40 MPa und einem mittleren E-Modul von 3 GPa denen herkömmlicher Polymerwerkstoffe ähnlich waren.

Eine bereits erprobte Anwendung für ein Produkt, das vollständig aus nativer Stärke gewonnen wird, sind die sogenannten AVP-Chips, die ebenfalls von der Firma AVP vertrieben werden.

Diese Verpackungschips, als ein Alternativfüllstoff zu Styroporchips gedacht, sind bereits erfolgreich von der Firma Cherry Mikroschalter getestet worden. Ihre Entsorgung bereitet keinerlei Probleme, da sie ohne weiteres vollständig kompostiert werden können, als Viehfutter geeignet sind oder auch, in Wasser gelöst, als Stärkemittel für Wäsche Verwendung finden /6/.

10.3.2 PHBV

Die ICI Biological Products brachten Anfang 1990 den Werkstoff "Biopol", ein vollständig abbaubares Polymermaterial, das durch Fermentation von Zucker hergestellt wird, auf den Markt.

"Biopol", technisch als Poly(Hydroxybutyrat-cohydroxyvalerat) oder PHB/V bekannt, wird von der natürlich vorkommenden Bakterie *Alcaligenes eutrophus* als Energiereserve - vergleichbar mit der Speicherung von Fett im menschlichen Körper - hergestellt.

Dieser Werkstoff gelangte im Mai 1990 in Form von Flaschen für die Verpackung von Shampoos der Marke "Sanara", hergestellt von der Firma Wella, in den Handel. Derzeit sind aus Kapazitätsgründen diese Shampoos in PE-Flaschen abgefüllt, jedoch sollen die "Biopol"-Shampooflaschen noch im Juli 1992 wieder in den Handel gelangen.

Zur Herstellung von PHB/V wird Alcaligenes Eutrophus in ein glukose- und nährstoffhaltiges Medium, das aus Zuckerrüben und Getreide gewonnen wird, eingeimpft. Die Mikroorganismen wachsen und vermehren sich, wobei sie die Glukose als Kohlenstoff- und Energiequelle verwenden.

Bei Glukoseüberschuß wandelt die Bakterie den Zucker in das PHB-Homopolymer um. Durch Veränderung der Zusammensetzung des Rohstoffes kann im Fermentationsprozeß die Zusammensetzung des Polymers verändert werden.

Durch Zugabe kontrollierter Mengen einer Säure (Valeriansäure) zur Glukose können eine Reihe von Copolymeren (PHB/V) hergestellt werden.

Nach Abschluß der Fermentation hat Alcaligenes eutrophus bis zu 80 % seines Trockengewichtes in Form von PHB oder PHB/V angereichert, welches durch Aufbrechen der Zellen sowie Extraktion und Reinigung gewonnen werden kann. Nach Trocknung bleibt ein weißes Pulver zurück, das in gewünschter Weise weiterverarbeitet werden kann.

Die mechanischen Eigenschaften von PHB/V sind in bezug auf Schmelzpunkt, Zugfestigkeit und E-Modul mit denen herkömmlicher Polymere vergleichbar, wobei sie durch steigenden HV-Anteil individuell eingestellt werden können /7,8/.

Tabelle 10.1 "Biopol"-typische Werte

HV Copolymer	(%)	0	10	20
Schmelzpunkt	(°C)	180	140	130
Zugfestigkeit	(MPa)	40	25	20
Biege-E-Modul	(GPa)	3,5	1,2	0,8
Dehnung beim Reißen	(%)	8	20	50

Das Abbauverhalten dieses Produktes war Gegenstand einer Untersuchung des Institutes für Siedlungswasserbau, Wassergüte- und Abfallwirtschaft der Universität Stuttgart von November 1990, im Auftrag der Wella AG, Darmstadt /9/.

Hier wurden die biologischen Prozesse in einer Laboranlage, die durch erhöhte Temperatur und Kreislaufführung des Sickerwassers mit gleichzeitiger pH-Neutralisierung ein "Zeitrafferverfahren" zulässt, unter kontrollierbaren anaeroben Bedingungen verfolgt. Ergebnis dieser Untersuchung war, daß die eingebrachten "Biopol"-Flaschen nach spätestens 90 Wochen unter den in der Deponie-Simulation herrschenden Bedingungen völlig verschwunden wären. Man kann davon ausgehen, daß sich dieses Abbaugeschehen unter regulären Deponiebedingungen in einem Zeitraum von 2 bis 10 Jahren vollzöge.

In einem zweiten Versuch wurden die Sanara-Flaschen einer 15-wöchigen Kompostierung unterzogen. Hierzu wurden die Flaschen in einem Großversuch in konventionelle Kompostwerke eingebracht, um ihr Verhalten unter Praxisbedingungen zu beobachten.

Die Ergebnisse dieser Untersuchung sind:

- Es war keine intakte Biopol-Sanara-Flasche mehr zu finden. Es verblieben nur Bruchstücke nach 15 Wochen Kompostierung.
- Ca. 80 % des Flaschenmaterials war mit den eingesetzten Suchverfahren nicht mehr im Kompost auffindbar.
- Von der gefundenen Anzahl von Bruchstücken wogen 2/3 weniger als 0,5 g.
- Die verbliebenen größeren Bruchstücke wiesen im Mittel einen Gewichtsverlust von 25 bis 30 % auf.

Daraus ist zu schließen, daß ca. 80 % ihres ursprünglichen Materialgewichtes zum überwiegenden Teil vollständig mineralisiert wurden. Von den verbliebenen Bruchstücken ist anzunehmen, daß auch sie innerhalb kürzester Zeit völlig abgebaut sein werden. Von ihnen ist kein nachteiliger Einfluß auf die Güte des Kompostes zu erwarten.

10.3.3 Chitose

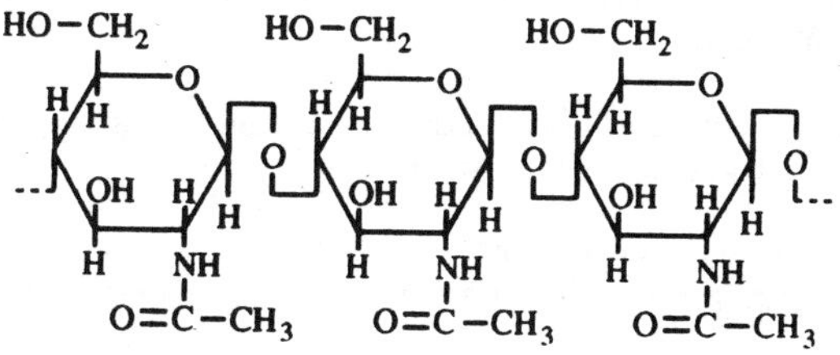

Abb. 10.5 Strukturformel für Chitin

Ein weiteres sehr vielversprechendes Naturprodukt, das als universeller Rohstoff einsetzbar scheint, ist das Chitin.

Chitin ist genauso wie die Cellulose und die Amylose ein Polysaccharid. Es findet sich als Gerüstsubstanz vor allem in der Zellwand von Pilzen und den harten Schalen von Krebsen und Insekten. Weltweit betragen die regelmäßig nachwachsenden Chitinmengen allein in den Meeren etwa eine Million Tonnen jährlich. Eine sehr ergiebige Chitinquelle ist beispielsweise die Krabbenfischerei, bei der der Rohstoff als Schälabfall anfällt.

Von der chemischen Struktur her ist Chitin der Amylose und der Zellulose sehr ähnlich. Es besteht in erster Linie aus aneinandergereihten Glucosebausteinen.

Als Werkstoff läßt sich die aus Chitin gewonnene Chitose vor allem für dünne Folien oder auch für Membranen, beispielsweise für Lautsprecher verwenden /10/.

10.4 Zusammenfassung

Für sehr spezielle Anwendungen gibt es bereits eine Vielzahl auf unterschiedliche Weise abbaubare Kunststofferzeugnisse, besonders in der Medizin und der Landwirtschaft. Auch für kommerzielle Zwecke wie Plastiktüten und Shampooflaschen gibt es einige erfolgversprechende Ansätze. Für die Lösung der Entsorgung leisten diese abbaubaren Polymerwerkstoffe derzeit noch keinen spürbaren Beitrag.

Bei der Bewertung der Werkstoffe hinsichtlich ihrer Umweltverträglichkeit muß neben deren Verhalten in der Abfallentsorgung auch der Aufwand, insbesondere in energetischer Sicht, zu ihrer Herstellung und Verarbeitung beurteilt werden. Dieses zu optimieren und somit einen Beitrag zur Lösung unserer Umweltproblematik zu leisten muß eine wichtiges Ziel in der Forschung sein.

10.5 Literatur

/1/   G. Menges, W. Michaeli, M. Bittner: Recycling von Kunststoffen, Carl Hanser Verlag, München 1992

/2/   H. Utz, W. Bauer: Warum noch keine abbaubaren Kunststoffe zur Süßwarenverpackung?, süsswaren 1-2/89, S. 44 - 47

/3/   Gutachten vom Bundesamt für Materialforschung, Berlin (BAM); Prüfungszeugnisse 5.1/5429 A und 3.3/8221/89 A, 5.1/5429 B und 3.3/8221/89 B

/4/   Gutachten vom Centrum voor Polymere Materialien - "TNO", Delft NL (CPM-ZNO Auftragsnummer 223066432)

/5/   Hans-Josef Endres: Diplomarbeit an der Ruhruniversität Bochum, Lehrstuhl Werkstoffwissenschaft, Thema:"Eigenschaften und Verhalten von Kartoffelstärke bei der thermoplastischen Verarbeitung auf herkömmlichen Kunststoff-Verarbeitungsmaschinen" 1991

/6/   Cherry Mikroschalter (1992): Prüfbericht Labor Nr. LD4.T91.228K

/7/   Deutsche ICI GmbH: Pressemitteilung, Frankfurt/M. 25.04.1990

/8/   Deutsche ICI GmbH: BIOPOL, Der Kunststoff aus der Natur, 1990

/9/   D. Bardtke, P. Püchner, W.-R. Müller (Institut für Siedlungswasserbau, Wassergüte- und Abfallwirtschaft der Universität Stuttgart): Untersuchungen zum Verhalten von Biopol-Flaschen mit besonderer Berücksichtigung der Deponierung und Kompostierung in Hausmüll, November 1990

/10/   Helga Brettschneider: Werkstoff aus dem Meer, bild der wissenschaft 6/1992, S. 124

11 Abfalldeponie und Müllverbrennung

Frank Prenger, Petra Donner

Mit dem Themenbereich Abfalldeponie und Müllverbrennung ist der Endpunkt des Werkstoffkreislaufes erreicht. An diesem Knotenpunkt gibt es verschiedene Möglichkeiten der Müll/Werkstoffbehandlung:
1. Rückgewinnung (Recycling)
2. Kompostierung
3. Verbrennung
4. Deponierung

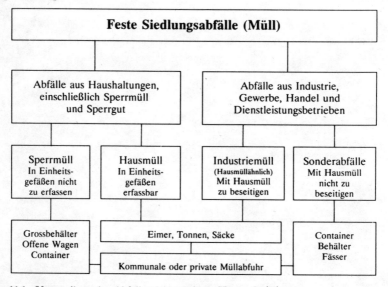

Abb. 11.1 Unterteilung der Abfallarten nach ihrer Herkunft /1/

Ein endgültiges Verlassen des Kreislaufes ist nur bei der Deponierung von Abfall gegeben. Die Herausnahme bedeutet aber eine erhöhte Belastung der Umwelt, den Verlust knapper Ressourcen und einen hohen finanziellen Aufwand. Da der Abfallwirtschaft das Verursacherprinzip zugrunde liegt, sollte es im Interesse des Einzelnen liegen, das Abfallaufkommen zu minimieren (Abfallvermeidung).

Herkunft und Zusammensetzung der anfallenden Abfälle sind Abb. 11.1. zu entnehmen.

Die beiden erstgenannten Punkte, Recycling und Kompostierung, sollen nur kurz unter dem Aspekt der umweltentlastenden Deponierung betrachtet werden.

11.1 Recycling

Neben den im Beitrag "Verpackungen" dargestellten Varianten der Altglas- und Metallsammlungen findet sich ein gutes Beispiel für Deponie-Recycling im Bereich der Stahlherstellung.

Als industrielle Nebenprodukte fallen hierbei die sogenannten Eisenhüttenschlacken an deren Aufkommen und Verwendung in Abb. 11.2. aufgezeigt sind. Mit einem Einsatzanteil von über 90% ist das Abfallprodukt Eisenhüttenschlacke wiederum ein wichtiger Grundstoff für die Bau- und Düngemittelindustrie.

Hochofenschlacke 10 Mio jato		Stahlwerksschlacke 5 Mio jato	
Aufkommen			
kristallin HO-Stückschlacke 7 Mio jato	**glasig** Hüttensand 2 Mio jato Import 1 Mio jato	**silikatisch** LD-Schlacke E-Ofen-Schlacken 4,5 Mio jato	**phosphatisch** LDAC-Schlacken 0,5 Mio jato
Verwendung			
98% Straßen- baustoffe	90% Zement	25% Wiederein- satz im Hochofen 38% Straßen- Wegebau und Schuttmaterial 10% Wasserbau- steine 15% Deponie	100% Düngemittel

Abb. 11.2 Aufkommen und Verwendung von Eisenhüttenschlacken (1984) /2/

11.2 Kompostierung

Die Kompostierung bietet eine Möglichkeit zu der Zersetzung organischer Abfälle. Diese sind in einem hohen Anteil (> 40%) im Hausmüll enthalten. Weiterhin üblich ist die Kompostierung von Garten- und Parkabfällen. Auch organische Bestandteile in Klärschlamm lassen sich mit diesem Verfahren behandeln. Wesentliche Bedeutung kann dieses Verfahren für das Deponie-Recycling biologisch abbaubarer Polymere erlangen (Kapitel 10).

Während die Abfälle aus Gartenanlagen durch Kompostierung problemlos zu entsorgen sind, treten bei der Behandlung von Klärschlämmen und Hausmüll Probleme aufgrund erhöhter Schwermetallkonzentrationen auf. Auch anorganische Bestandteile (Glas, Metall) verunreinigen den Kompostabfall. Zur Vermeidung der Probleme sollen organische und anorganische Abfälle getrennt gesammelt werden (Stichwort: Biomülltonne) /1/.

11.3 Verbrennung

In diesen Bereich fallen verschiedene Verwertungsverfahren:
- BRAM (Brennstoff aus Müll)
- Pyrolyse
- Müllverbrennung

Von diesen Verfahren befinden sich BRAM und Pyrolyse noch in der Erprobung, sollen jedoch zukünftige Alternative zur Müllverbrennung sein.

11.3.1 BRAM (Brennstoffherstellung aus Müll)

Hierbei handelt es sich um ein Pilotverfahren (Rohstoffrückgewinnungszentrum Herten) das zwischen der Hausmüllaufbereitung zum Zwecke der Wiedergewinnung von Sekundärrohstoffen und der Hausmüllverbrennung anzusiedeln ist. Damit der Müll als "Brennstoffbrikett" Heizöl oder Kohle substituieren kann, muß er mechanisch aufbereitet, d.h. getrocknet, gemahlen und gepreßt werden.

Als bisheriges Untersuchungsergebnis läßt sich feststellen, daß ca. ein Drittel des angelieferten Abfalles zu BRAM verarbeitet werden kann. Schwierigkeiten bei der Herstellung ergeben sich vor allem durch die stark schwankende Zusammensetzung des Abfalles. Zudem wirkt sich der Anteil der Kunststoffe negativ auf den Chlorgehalt der Abgase aus.

BRAM arbeitet nach drei Vorgaben:
- Integrierbarkeit in die Brenneinrichtungen der Industrie
- Anbieten einer preisgünstigen Alternativenergie
- Einhalten vorgeschriebener Emissionswerte bei der Verbrennung

11.3.2 Pyrolyse

Der bereits erwähnte, hohe Anteil organischer Abfälle am Hausmüll ist Brennmaterial der Pyrolyse. Dieses Verfahren, das im Temperaturbereich zwischen 400 °C und 600 °C unter Luftabschluß arbeitet, wurde schon in Kapitel 6 kurz skizziert.

Es bilden sich als Reaktionsprodukte:
- Brennbare Gase

- Wässrige und ölhaltige Kondensate
- Pyrolysekoks

Außerdem werden Gewicht und Volumen des Mülls verkleinert.Wesentliches Problem bei diesem z.Zt. im Versuchsstadium (Pilotanlage) befindlichen Verfahren stellen die entstehenden Abgase dar.

11.3.3 Müllverbrennung

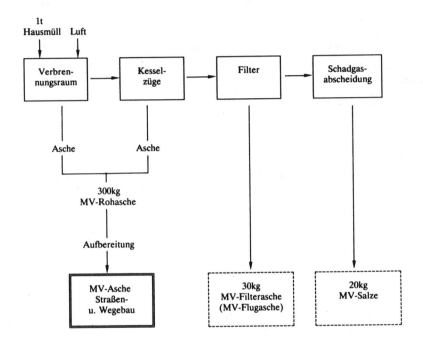

Abb. 11.3 Fließschema einer Müllverbrennungsanlage (nach /3/)

Ursprüngliche Ziele der Müllverbrennung waren die Reduzierung der Menge, des Volumens und des Schädlichkeitspotentials der Abfallstoffe.

Aufgrund steigender Preise für fossile Brennstoffe ergeben sich weitere Verwertungseigenschaften. Der entstehende Dampf wird als Fernwärme oder zur Erzeugung elektrischer Energie genutzt. Die anfallenden Rostschlacken werden - wie die Eisenhüttenschlacken - im Straßenbau eingesetzt und Eisenschrotte selbst der Stahlherstellung zugeführt.

Die entstehenden Verbrennungstemperaturen liegen, je nach Technik der Anlage, zwischen 850 °C und 1200 °C. Die Verbrennungssysteme unterscheiden sich vor allem durch die unterschiedlichen Transportgeschwindigkeiten des Verbrennungsgutes, den Verbrennungsablauf und die Verbrennungsleistung, bzw. -temperatur.

Grundsätzlich besteht ein Verbrennungsvorgang aus den Phasen:
- Trocknung
- Entgasung
- Vergasung
- Verbrennung.

Die einzelnen Vorgänge bei der Müllverbrennung sind allerdings aufgrund von Überlagerungsprozessen in den meisten Fällen zeitlich und verfahrenstechnisch nicht klar abzugrenzen.

Wegen der auftretenden Zustandsänderung ist der Energieverbrauch (2500-3000 kJ/kg) für den Trocknungsprozeß sehr hoch. Während die Trocknung von Klärschlämmen bei Temperaturen über 100 °C in einem separaten Vorgang bei gleichmäßiger Energiezufuhr durchgeführt werden kann, stellt die Ermittlung des Wärmebedarfes zur Trocknung des Hausmülls ein Problem dar, da dieser jeweils von der Müllzusammensetzung abhängig ist.

Die zweite Phase der Müllverbrennung, die Entgasung, arbeitet nach dem Prinzip der Pyrolyse. Sie ist in der MVA nicht als klar getrennter Betriebsablauf darstellbar.

Bei Temperaturen zwischen 850 °C und 1200 °C findet die Vergasung und Verbrennung des Abfalles statt. Ein großer Teil des festen Kohlenstoffes wird dabei vergast und aufgrund des hohen Luftüberschusses oberhalb des Brennraumes direkt zu Wasserdampf und Kohlendioxid umgewandelt.

11.3.3.1 Müllverbrennungssysteme

Prinzipiell können Müllverbrennungsanlagen (MVA) durch unterschiedliche Verbrennungssysteme gekennzeichnet werden /3/:
- Rostfeuerung
- Drehrohrofen/Drehetagenfeuerung (ähnlich dem System der Pyrolyse)
- Wirbelschichtfeuerung

Bei der Rostfeuerung wird das Verbrennungsmaterial über Walzen oder Stufen bewegt. Durch eine Gegenstromfeuerung läßt sich der Wärmefluß so steuern, daß hohe Einheitsleistungen (50t/h) bei guter Ausbrandqualität erreicht werden können.

Die Verfahren der Drehrohr/Drehetagenfeuerung bieten den Vorteil, daß sie die Beseitigung von Schlämmen, Pasten und festen Stoffen mit niedrigem Schmelzpunkt ermöglichen. Trotz deutlich niedrigerer Verbrennungsleistung (10 t/h) werden sie deshalb oft zur Verbrennung von Industriemüll eingesetzt.

Zunehmende Bedeutung gewinnt die sogenannte Wirbelschichtfeuerung. Dabei wird unter Zuführung fester und/oder flüssiger Brennstoffe bei Verbrennungsluftgeschwindigkeiten zwischen 2,5 und 6 m/s eine starke Verwirbelung des Müllgemisches im Brennraum erreicht. Die gute Durchlüftung führt zu einem hohen Ausbrand und dadurch zu geringer Abgasbelastung.

Nachteile der Wirbelschichtfeuerung sind die notwendige Vorbehandlung der angelieferten Abfälle (Zerkleinern), die schwierige Nachchargierung in den Brennraum und relativ geringe Durchsätze (10 t/h).

Eine Aufschlüsselung der Rückstände aus der Verbrennung ist Abb. 11.3. zu entnehmen. Die Rückstands-Bilanz aus der Verbrennung von 1t Hausmüll weist folgende Posten auf /4/:
- 250-380 kg Rostschlacke
- 25- 35 kg Filterstäube
-     10 kg Salzgemisch aus Trockenwäsche
-      8 kg Rückstände aus Naßwäsche.

Die bei der Müllverbrennung freiwerdende Energie ist als Heizwert für die unterschiedlichen Abfallarten in Tabelle 11.1. aufgeführt:

Tabelle 11.1 Heizwerte von Abfällen /5/

Abfallart	Heizwert-Bereiche	
	kJ/kg	kcal/kg
Hausmüll	6300 - 10500	1500 - 2500
Sperrmüll	10500 - 16800	2500 - 4000
Hausmüllähnliche Gewerbe- und Industrieabfälle	7600 - 12600	1800 - 3000
Klärschlamm (75 % Wassergehalt)	1200	290
Rückstände aus Kompostierung	6300 - 10500	1500 - 2500

Ein Vergleich mit den Heizwerten von Erdöl (42.000 kJ/kg) und Erdgas (29.500 kJ/kg) verdeutlicht die dazu geringe Energieausbeute bei der Müllverbrennung.

11.3.3.2 Umweltproblematik

Müllverbrennungsanlagen emittieren verschiedene Schadstoffe:
- Abgase
- Abwasser
- Stäube, Schlacken.

Die Emmissionsgrenzwerte der gereinigten Abgase und Stäube sind in der TA Luft festgelegt. Neben Kohlendioxid, Schwefeldioxid, Stickoxiden, Chlor- und Fluorwasserstoffen dient der Anteil an Kohlenmonoxid (> 100 mg/m³) als

Leitwert für die Ausbrandqualität. Er soll sicherstellen, daß keine nennenswerten Konzentrationen an Dioxinen und Furanen auftreten /6/.

Die Abwasserreinigung der MVA kann am Standort mit den üblichen Techniken wie Feststoffabtrennung, Neutralisation und Schwermetalltrennung erfolgen. Die Entsalzung der Abwässer aus der Trockensorption geschieht durch Eindampfung.

11.4 Deponierung

Für Rückstände aus stofflicher oder thermischer Verwertung und aus Gründen einer gesicherten Abfallentsorgung muß Deponiekapazität bereitgestellt werden.

18 Volumenprozent der derzeitigen Deponiefläche werden von Kunststoffabfällen in Anspruch genommen, da diese Werkstoffgruppe gegenüber Eisen- und Nichteisenmetallen eine geringe Recyclingquote aufweisen. Aus ökobilanzieller Sicht bedeutet die Deponierung der Polymerwerkstoffe nach ihrem Gebrauch eine Verschwendung von Ressourcen. Die Auswirkungen auf die Umwelt (Boden, Grundwasser) können aufgrund mangelnder Erfahrungswerte noch nicht klar definiert werden. Erste Untersuchungen über das Verhalten von Kunststoffen in Mülldeponien zeigen, daß auch nach zwei Jahrzehnten keine vollständige Verrottung - ähnlich Holz und Papier - von Kunststoffabfällen verschiedenen Typs zu beobachten ist /7/. Allein die Komprimierung dieser Abfälle auf das reine Materialvolumen ist als positiver Aspekt zu betrachten.

Bau, Betrieb und Zuordnung von Abfällen für eine geordnete Deponie sind so durchzuführen, daß sie als Endlager für Abfall keine Beeinträchtigung der Umwelt hervorrufen kann. Deshalb muß auch nach Abschluß der Einlagerung von Abfällen die Nachsorgephase überwacht werden.

Die Technik der geordneten Deponierung ist allerdings noch eine relativ neue Einrichtung. Bis zum Ende der sechziger Jahre wurden Sonder- und Siedlungsabfälle größtenteils gemeinsam auf einer Vielzahl sogenannter "Müllkippen" abgelagert. (50.000 im Gegensatz zu heute ca. 700 geordneten Deponien). Dies führte zu hohen Schadstoffkonzentrationen im Sickerwasser, zu hohen gasförmigen Emissionen und der Ausbreitung von Ungeziefer in der Umgebung dieser Anlagen. Mit der Schaffung gesetzlicher Grundlagen (Abfallgesetz, 1986) und Anleitungen zur Durchführung (TA Luft, TA Abfall) werden seit Mitte der siebziger Jahre solche Deponien nicht mehr betrieben /8/.

11.4.1 Planung

Der Bau einer Abfalldeponie bedarf eines großen planerischen Aufwandes. Die Auswahl eines geeigneten Standortes hängt von einer Vielzahl von Parametern ab. Als wichtigste wären zu nennen:
- die geologische/hydrogeologische Situation

- der Untergrund
- das Grundwasser
- Hydrologie (Niederschlag)

und nicht zuletzt die Infrastruktur des Gebietes.

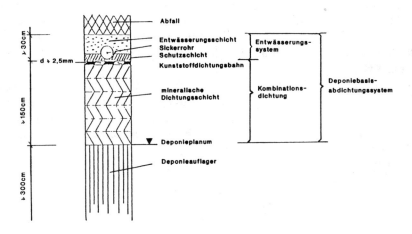

Abb. 11.4 a) Deponiebasisabdichtungssystem nach TA-Abfall /8/

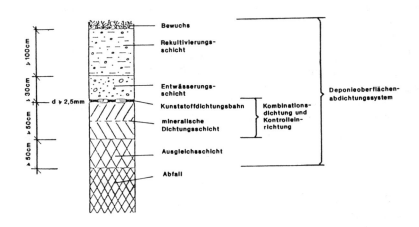

Abb. 11.4 b) Deponieoberflächabdichtungssystem nach TA-Abfall /8/

Als nächster Punkt ist die Deponieabdichtung, bzw. sind die hierzu vorbereitenden Maßnahmen (Rodung, Verdichtung, Profilierung des Planums) anzugehen.

Abb. 11.4 zeigt die möglichen Systeme zur Abdichtung von Hang- oder Haldendeponien. Hierbei ist zwischen dem Deponiebasisabdichtungssystem und der Deponieoberflächenabdichtung zu unterscheiden. Zudem ist eine definierte Ableitung, Reinigung und Regulierung der anfallenden Wassermengen durchzuführen. Der Wasserhaushalt der Deponie läßt sich in Sickerwasser und Niederschlag aufteilen. Während ein Teil des Oberflächenwassers durch Verdunstung reduziert wird, muß eine Entwässerung des gesamten Deponieraumes geplant werden.

In die Planung ist auch die Abführung der entstehenden Gase aus dem Deponiekörper einzubeziehen. Diese entstehen vor allem durch den anaeroben Abbau organischer Substanzen in großen Mengen ($400 \text{ m}^3/\text{t}$ Deponiegas).

Weiterhin sind Vorkehrungen gegen Belästigung durch Staub und Lärm zu treffen.

Nicht zuletzt sind für einen reibungslosen Deponieablauf Deponieeinrichtungen wie Waagen, Registrierung, Betriebsgebäude, Straßen und Absperrungen notwendig.

11.4.2 Betrieb

Der Betrieb beginnt mit der Eingangskontrolle und endet mit der Pflege der rekultivierten Deponiefläche. Das in Abb. 11.5 dargestellte Strukturgramm verdeutlicht die einzelnen Schritte beim Ablauf der Abfallbeseitigung in einer Hausmülldeponie. Diese Formalitäten erweisen sich als notwendig, um eine ordnungsgemäße Entsorgung gewährleisten zu können.

Nach der Bestandsaufnahme wird der Abfall in die Deponiefläche eingebaut. Hierbei sind verschiedene Einlagerungstechniken, je nach örtlicher Gegebenheit, möglich, z.B. Flächeneinbau abwärts, aufwärts, horizontal oder ein Kippkanteneinbau.

Um einen umweltgerechten Deponiebetrieb aufrecht erhalten zu können, sind folgende Meß- und Kontrolleinrichtungen notwendig:
- Überprüfung des Wasserhaushaltes (Niederschlag, Verdunstung, Sicker wasser)
- Anlieferung und Einbau der Abfälle
- Verdichtungsaufwand (Betrieb und Verbrauch der Verdichtungsgeräte)
- Deponiefortschritt, Deponieverhalten
- Sickerwasserbeschaffenheit und Grundwasserkontrolle
- Deponiegas (Zusammensetzung, Gaswanderungen).

Außer der Vermeidung diverser Geruchsbelästigungen dient die Rekultivierung von Deponien einer Eingliederung in das Landschaftsbild. Als vorgeschaltete Maßnahme wird der Auftrag einer Bodenschicht durchgeführt, um der Vegetation ein ausreichendes Nährstoffangebot zur Verfügung zu stellen.

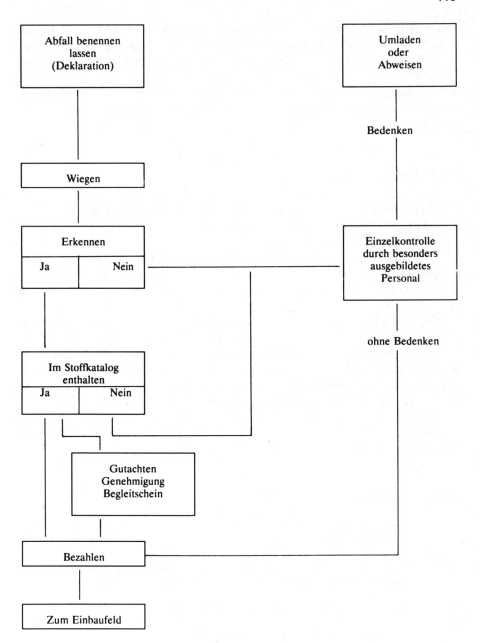

Abb. 11.5 Fließschema zur Abfallbehandlung und -beseitigung /8/

Besondere Schwierigkeiten bei der Deponierung bereitet der Sonderabfall.

Der Begriff Sonderabfall ist im Abfallgesetz nicht definiert. Dort wird nur die Entsorgung von Abfällen erläutert, die nicht dem Hausmüll zugeordnet werden können. Erst seit dem in Kraft treten der Abfallbestimmungsverordnung (3.4.1990) ist der Umgang mit diesen laut Verordnung "besonders überwachungsbedürftigen" Abfällen klar geregelt. Dieses ist um so wichtiger, weil der Anteil dieser gefährlichen Abfallstoffe am Gesamtvolumen des Abfalls zunimmt.

11.5 Perspektiven

Neben einem gerade in den letzten Jahren gewachsenen Umweltbewußtsein der Bevölkerung, ist eine Umstrukturierung der gesamten Abfallwirtschaft innerhalb der letzten zehn Jahre geschehen.

Die Steuerung und Kontrolle der Abfallströme durch gesetzliche Verordnungen (AbfBestV, RestBestV, TA Luft, TA Abfall) ist deutlich verbessert worden. Durch die gezielten Maßnahmen der Abfalltechnik sollen letztendlich umweltverträglichere Entsorgungswege eröffnet werden.

Der Gedanke der Abfallvermeidung, als Leitfaden eines jeden Abfallverursachers, sprich der Gesellschaft, setzt sich allerdings nur sehr langsam durch.

Dies ist sicherlich nicht nur auf die Verantwortungslosigkeit der Abfallverursacher zurückzuführen, sondern auch auf die Tatsache, daß sich die Abfallwirtschaft und die Umwelttechnik zu einem lukrativen Wirtschaftszweig entwickelt haben, der Existenzgrundlage vieler Unternehmen darstellt.

Gänzlich wird man aber auch in Zukunft nicht auf Deponien verzichten können, da eine umfassende stoffliche oder thermische Verwertung aller Materialien nicht möglich ist.

11.6 Literatur

/1/   W. Kumpf, K. Maas, H. Straub: Müll und Abfallbeseitigung, Erich Schmidt Verlag GmbH, Berlin 1972

/2/   Vorlesungsmanuskript des Institutes für Straßenwesen und Eisenbahnbau, Ruhr-Universität Bochum, "Recycling im Bauwesen", 1989, S. 2 - 7

/3/   Merkblatt Industrielle Nebenprodukte, Fa. Babcock

/4/   Informationsschrift: Abfallwirtschaft in NRW, MURL 2/1988

/5/   Vorlesungsmanuskript des Lehrstuhls für Wasserwirtschaft und Umwelttechnik, Ruhr-Universität Bochum, "Rauchgase", S. 4 - 35

/6/   Broschüre "Müllheizkraftwerk Iserlohn"

/7/   Ernst G. Wogrolly: Deponie, In: G. Menges, W. Michaeli, M. Bittner: Recycling von
        Kunststoffen, Carl Hanser Verlag, München, Wien 1992, S. 158 - 180

/8/   Jochen Beese, Edelhoff-Ensorgung GmbH & Co: Deponien - Endlager für ablagerungs-
        fähige Abfälle, Castrop-Rauxel 1992

12 Zukunftsmodelle

Petra Donner

Die Bereitstellung neuer und verbesserter Werkstoffe wird als Schlüsseltechnologie für den weiteren evolutionären Fortschritt auf vielen Gebieten der Technik angesehen. So ist die Lösung wichtiger Fragen auf dem Gebiet der Energie- und Umwelttechnik eng mit Durchbrüchen auf dem Werkstoffsektor verknüpft, wobei insbesondere neuartige Funktionswerkstoffe eine Rolle spielen. Allerdings dürfen hierbei nicht nur die angestrebten Fertigungs- und Gebrauchseigenschaften im Mittelpunkt stehen, Werkstoffauswahl und Bauteilgestaltung müssen auch unter dem Gesichtspunkt der Recyclingfähigkeit, der möglichen Umweltbelastung und der Ressourcenschonung betrachtet werden.

Dem sich zur Zeit abspielenden Szenario der Verwandlung von Rohstoffen in Abfall muß auch aus sozialethischer Betrachtungsweise Einhalt geboten werden. Gemäß einem Prinzip Verantwortung sollte so gehandelt werden, daß die Wirkungen dieser Handlungen verträglich sind mit der Permanenz lebenswerter Bedingungen auf dieser Erde /1/. Diese wertkonservative Einstellung ist unter den gegebenen gesellschaftspolitischen und ökonomischen Sachzwängen nur durch den Einsatz überzeugender wissenschaftsgestützter Ideen und deren Umsetzung in technische Mittel möglich. Dies soll jedoch keinesfalls blinde Technikgläubigkeit implizieren, jeder Einzelne muß für sich die Problematik begrenzter Ressourcennutzung verinnerlichen. Dies ist der menschlichen Natur gemäß nicht so einfach, denn meistens ist der Normalverbraucher nur in der Lage, solche Größen wahrzunehmen, die seinem Erfahrungshorizont entsprechen. Es sollte sich jeder bewußt machen, daß jede noch so geringe Einsparung an Müllaufkommen einen relevanten Beitrag zum Gemeinwohl darstellt, wenn man ihn zum Gesamtaufkommen der Bevölkerung hochrechnet.

Die Bevorzugung der Verwertung vor dem Wegwerfen gewinnt an Akzeptanz, wenn nach dem Gebrauch eines Produktes verbleibende Reststoffe nicht als Abfall, sondern als Wirtschaftsgut angesehen werden. Unter dieser Prämisse wird auch die Industrie in die Entwicklung von Verwertungstechnologien investieren, die z. Z. eventuell noch nicht wirtschaftlich sind. Recycling ist nur dann sinnvoll, wenn die Sekundärrohstoffe die Primärrohstoffe substituieren können. In unserem marktwirtschaftlichen System bewirkt dies eine Konkurrenz auf den Märkten, die im Zweifelsfall dazu führen kann, daß die Rohstoffpreise weiter sinken und das sparsame Umgehen mit Rohstoffen uninteressant erscheint. D.h., daß ein Recycling auch immer durch den Markt geprägt wird /2/.

Deshalb sollte die Alternative der Vermeidung und Verminderung von Rohstoffentwertung, die durch technologische Verfahren und soziales Verhalten gelenkt wird, durch das Zauberwort "Recycling" nicht in den Hintergrund gedrängt werden. Die zu beobachtende Entwicklung, daß pro technischer Nutzung immer weniger Werkstoff verbraucht wird, ist in diesem Sinne als positiv anzusehen, sie darf aber nicht dazu führen, daß Bauteile aus Werkstoffverbunden mit großer Sortenvielfalt entstehen. Vielmehr sollte eine simultane Werkstoff- und Verfahrenstechnologie die Innovation traditioneller Werkstoffe bestimmen. Ein schönes Beispiel hierfür ist die Entwicklung der Bake-Hardening-Stähle. Mikrolegierte Feinbleche - für den Gebrauch in der Automobilindustrie - werden durch Legierung und Herstellungstechnik so eingestellt, daß sie beim Pressen weich sind. Die endgültige Festigkeit der lackierten Karosserieteile wird dann beim Einbrennprozeß erreicht. Auch die Einführung der materialeinsparenden Prozeßtechnik des Stranggießens und das in diesem Jahrzehnt zur großtechnischen Anwendungsreife gelangte Verfahren des endabmessungsnahen Gießens sind Entwicklungen, die Rohstoffe und Energie einsparen helfen.

Unter dem Aspekt der stofflichen Wiederverwertung ist die "Klasse statt Masse" - Strategie der Stahlindustrie, Sonderstähle mit maßgeschneiderten Eigenschaftsprofilen für verschiedenste Einsatzgebiete zu entwickeln, eher als positiver Einsatz einer Sortenvielfalt zu beurteilen als die Bereitstellung maßgeschneiderter Faserverbundwerkstoffe mit nicht verwertbaren Glasfaseranteilen. Natürlich sollte diese Sortenvielfalt nicht dazu führen, daß Legierungselemente verwendet werden, die im Wiederaufbereitungsprozeß untrennbar sind. Denn auch für den Kreislauf der Fe-Metalle ist eine Rückführung definierter Schrottsorten unabdingbar, d.h. z.B Paketschrott mit hohen Anteilen an Cu, Sn und Pb zu vermeiden, da diese Legierungselemente in der Stahlschmelze verbleiben, eine Eigenschaftsverschlechterung bewirken und somit der Herstellung gleichwertiger Produkte durch Recycling entgegenstehen. Daraus ergibt sich die Notwendigkeit einer gezielten Schrottaufbereitung. Diese versucht man seit einigen Jahren durch die Unterscheidung von Neuschrott, Shredderschrott, Müllverbrennungs- und Müllseparationsschrott zu erfüllen, um den Anforderungen bei der Produktion hochwertiger Stähle gerecht zu werden. Eine Sortenreinheit des Schrottes kann durch gezielte Aufbereitung erreicht werden.

Um den Aufwand bei der Schrottverwertung, der ja wiederum Energie erfordert, zu reduzieren, sollte eine kreislaufbewußte Werkstoffentwicklung dahin führen, Legierungen zu entwickeln, die beim Wiedereinschmelzen direkt einen neuen, eigenschaftsveränderten Werkstoff für andere Einsatzbereiche ergeben.

Der zunehmende Einsatz von beschichteten Stählen - nicht nur in der Weißblechindustrie, sondern überall dort, wo durch zusätzliche Behandlung die Lebensdauer eines Produktes erhöht und somit Ressourcen geschont werden (verzinkte Bleche für die Automobilindustrie, Fassadenschutz, geminderter Werkzeugverschleiß) - hat im Rahmen der Schrottverwertung die Verbesserung von Aufbereitungsverfahren forciert. Das Ausbringen von Zink aus Stahlwerksstäuben ist z. B. eine inzwischen bewährte Verfahrenstechnik. Trotzdem verbleiben aus der Stahlproduktion Reststoffe wie Stäube, Asche und Schlacke. Obwohl Asche und Schlacke zu ungefähr 90% als Baumaterial Verwendung finden, müssen Teile dieser Reststoffe zur Zeit noch deponiert werden, so daß hier der Kreislauf nicht vollständig geschlossen werden kann.

Die Problematik verfahrensbedingter Rückstände ist bei der Produktion von Sekundäraluminium allerdings ein weit wesentlicherer Faktor. Aber auch hier wird noch in diesem Jahrzehnt das vollständige Recycling angestrebt /3/. Beim Recycling der 1. Generation führt die Schrottverwertung direkt oder über Umschmelzaluminium in Gußerzeugnisse. Als Reststoffe aus diesem Materialrecycling ergeben sich in den Umschmelzwerken Salzschlacken. Diese werden aufbereitet und zum einen als Al-Granalien, zum anderen als gereinigtes Schmelzesalz, das erneut in den Umschmelztrommelöfen eingesetzt werden kann, verwertet (Recycling der 2. Generation). Daran soll in Kürze das Recycling der 3. Generation anschließen, das die Rückstände des geschilderten Aufbereitungsverfahrens konditioniert, so daß diese als Feuerfestmaterial verwendet, bzw. als Al_2O_3 in die Primärhütte zurückgeführt werden können. Ein alternatives Recycling der 4. Generation soll dahin gehen, über ein automatisches Schrottsortierverfahren, bei dem Spektrallinien das Erkennen der jeweiligen Legierungsbestandteile ermöglichen, Knetlegierungsschrott ohne Separation der einzelnen Legierungselemente direkt für neue Knetlegierungen zu recyclieren. Damit wird ein Materialrecycling ermöglicht, bei dem die Wertschöpfung aus erster Nutzung erhalten bleibt, da kostenaufwendiges und die Ökobilanz belastendes Raffinieren der Legierungselemente entfällt.

Somit sind materialabwertende Kaskadenverläufe für metallische Werkstoffe vermeidbar. Bei konsequenter Befolgung einer derartigen Stoffkreislaufwirtschaft nach ökonomisch und ökologisch sinnvollen Konzepten ergibt sich aus dem Erhalt der Wertschöpfung innerhalb der Prozeßentwicklung vom Rohstoff zum Werkstoff für Gebrauchsgüter in jedem Stadium ihrer Lebenszyklen der Status eines Wirtschaftsgutes. Zwischen der Wertschätzung eines Primär- oder Sekundärrohstoffes sollte es zumindest bei metallischen Werkstoffen keine Unterschiede geben.

Eine ebensolche Entwicklung ist bei den Polymerwerkstoffen allerdings nicht abzusehen. Eine stoffliche Verwertung durch Wiedereinschmelzen ist z.B. nur im Falle der Thermoplaste möglich - und hier auch nur in einem Kaskadenprozeß, d.h. mit abnehmender Wertschöpfung. Zudem wird diese Art der Wiederaufbereitung durch eine Sortenvielfalt aufgrund von Vermischungen verschiedener Molekülarten erschwert. Hier müssen - wie beim Stahlschrott - neben dem sortenreinen Absammeln vermehrt Schrottsortierverfahren die Erzielung einer Sortenreinheit ermöglichen, um eine erhöhte Recyclingrate für Thermoplaste erzielen zu können. Da ca. 90% des Kunststoffabfalls (Hausmüll) von den Thermoplasten Polyolefine (PP, PE 65%), Polyvinylchlorid (10%) und Polystyrol (15%) bestimmt wird /4/, müssen für diesen anfallenden Müll Trenntechnologien entwickelt werden, die ein nachfolgendes Wiederaufbereiten zu möglichst reinen Regranulaten ermöglichen.

Deponierung war in den vergangenen Jahrzehnten die gängigste Methode der "Verwertung" von problematisch zu entsorgenden Polymeren, besonders Duromeren. Zwar stellen die Kunststoffe nur ca. 7 Gewichtsprozent des Hausmülls, in Volumenprozent beanspruchen sie jedoch rund 18% an Deponiefläche. Dies ist natürlich aus energetischer und umweltverträglicher Sicht nicht vereinbar mit dem Prinzip der Stoffkreislaufwirtschaft. Alternativen können auf thermischer Basis in einer energetischen oder stofflichen Umsetzung von Polymeren liegen.

Die energetische Umsetzung in Müllverbrennungsanlagen nutzt den Wärmeinhalt von Kunststoffabfällen (z.B. Shredderleichtmüll), die einen ähnlich hohen Heizwert wie Holz besitzen, und kann somit vordergründig zu einer Verminderung von einzusetzenden Rohstoffanteilen (Energieträgern) beitragen. Diese nüchterne Betrachtungsweise hat jedoch in der emotionsbeladenen Diskussion um Für und Wider von Müllverbrennungsanlagen kaum Bestand, da die Risiken durch das Freiwerden Chlorierter Kohlenwasserstoffe (Entstehung von Dioxinen) oder mit Schwermetallen behafteter Aschenrückstände keinesfalls endgültig geklärt sind. Zudem wird durch den Ausstoß von Kohlendioxid (CO_2) der CO_2-Haushalt unserer Atmosphäre gestört. Nur die Entwicklung ökonomisch und ökologisch sinnvoller Verfahrenstechnologien auf der Basis einer Rückführung der gasförmigen Reststoffe zu neuen Kohlenwasserstoffen oder Kunststoffen in einem geschlossenen Prozeß könnte die Akzeptanz von Müllverbrennungstechniken erhöhen. Hier sind Überlegungen im Gange, verfahrenstechnisch bereits bekannte und erprobte Prozesse der Aufarbeitung von CO_2 mit der Müllverbrennung zu koppeln (Harnstoffsynthese, Methanolherstellung) /5/.

Die stofflich/thermische Umsetzung nutzt die Aufspaltbarkeit von Polymeren in ihre molekularen Bestandteile unter Einwirkung von Erwärmung (Pyrolyse) oder Wasser (Hydrolyse) und soll zu einer Zerlegung der Makromoleküle in niedermolekulare Grundbausteine (Kohlenwasserstoffe) führen. Die so verwerteten Kunststoffabfälle werden letztendlich zu Gasen und Ölen verarbeitet.

Die Pyrolyse findet unter Ausschluß von Sauerstoff statt, ein Verbrennen der Produkte wird vermieden. Allerdings sind wesentlich höhere Temperaturen gegenüber der Hydrierung erforderlich. Die sich daraus in den Reaktionsbedingungen ergebenden Unterschiede führen auch zu verschiedenartigen Produkten unterschiedlicher Qualität. Es wird davon ausgegangen, daß bei der Hydrierung mit einer höheren Ölausbeute gerechnet werden kann. Bestehende Daten entstammen Pilot-Versuchsanlagen, beide Verfahren, besonders die Hydrierung, bedürfen weiterer Entwicklungsarbeit bis zum großtechnischen Einsatz [6].

Die Verwendung von biologisch auf- und abbaubaren Polymeren könnte zukünftig eine Alternative zur Entsorgungstechnik auf dem Kunststoffsektor darstellen. Hierbei muß beachtet werden, daß in dieser Werkstoffgruppe nur nachwachsende Rohstoffe wie Stärke oder Zellulose einen geschlossenen CO_2-Kreislauf besitzen, d.h. daß beim vollständigen Abbau nur soviel Kohlendioxid freigesetzt wird, wie bei ihrer Biosynthese benötigt wurde. Ermöglicht wird der Abbau durch Mikroorganismen, die mit Hilfe von Enzymen die chemischen Bausteine bis zur Spaltung ihrer Bindungen angreifen und letztendlich durch Stoffwechselvorgänge zersetzen können. Welche Rolle die biologisch abbaubaren Polymere zukünftig spielen werden, ist gegenwärtig noch nicht abzuschätzen, da

Fertigungs- und Gebrauchseigenschaften noch einiger Entwicklungsarbeit bedürfen. Zudem existieren aus ökobilanzieller (wirtschaftlich und umweltverträglicher) Sicht noch keine gesicherten Kenntnisse über das Verhältnis von Nutzen und Aufwand.

Die Kenntnis um die in den vorangegangenen Abschnitten geschilderte Problematik der Life-Cycle-Betrachtung von Werkstoffen ist Voraussetzung für eine weitergehende ganzheitliche Bilanzierung von Bauteilen, eine Methodik zur Produktplanung, die technische, wirtschaftliche und ökologische Pflichtenhefte einschließt.

Unter Berücksichtigung des vollständigen Produktkreislaufs werden hierbei nicht nur Energie-, sondern auch Emissions-, Abfall- und Abwasserbilanzen aufgestellt. Eine Bewertung dieser verschiedenen Faktoren, die letztendlich zu einem ganzheitlichen Kostenansatz führen soll, ist natürlich nur mit einer genauen Kenntnis über alle Stationen des Produktkreislaufes möglich. Aufgrund der erweiterten Betrachtung in technischer und wirtschaftlicher Hinsicht stellen diese Bilanzierungen für den Hersteller ein brauchbareres Mittel zur Entscheidungshilfe dar als Ökobilanzen, die nur den umweltlichen Aspekt berücksichtigen. Nächster Schritt in dieser Methodik ist der Übergang von der Bauteil- zur Systembetrachtung, indem die einzelnen Bausteine, d.h. Bauteile zu einem übergeordneten Produkt, z.B. einem Automobil, zusammengefügt werden. Hierbei soll die Erstellung einer Software, die Daten über die Entwicklung der einzelnen Systembausteine beinhaltet, eine methodische Anleitung zur Entscheidungsfindung darstellen /7/. Die in diesem Zusammenhang notwendige Erstellung von Ökobilanzen ist allerdings aufgrund einer mangelhaften Datenbasis als Problem anzusehen. Auch ist eine objektive Bewertung ermittelter Ökobilanzdaten aufgrund jeweiliger individueller, subjektiver Betrachtungsweisen bisher nicht gewährleistet. Hier will nun das Umweltbundesamt durch gezielte Verbesserung der Informationsstruktur (Arbeitsausschuß im Deutschen Institut für Normung), Abhilfe schaffen /8/. Dies ist unabdingbar für die Schaffung eines Standardmodells "Ökobilanz", wobei letztendlich eine endgültige Bewertung gesellschaftspolitische Belange mitberücksichtigen muß.

Das Automobil in seiner Eigenschaft als gesellschaftspolitisch und volkswirtschaftlich bedeutendes Produkt, das in seiner Bewertung - ähnlich wie die Verpackungsproblematik - ein emotionsbeladenes Für und Wider erfährt, bietet ein gutes Beispiel zur Verdeutlichung der verschiedenen Problemstellungen ganzheitlicher Betrachtungsweise. Eine Systembilanzierung kann helfen, die werkstoff-/fahrzeugtechnisch günstigste Konzeption unter Berücksichtigung sinnvoller Altautoentsorgungsstrategien zu ermitteln. Das in Kapitel 8 dargestellte Modell der Firmen Mercedes Benz/Voest-Alpine-Stahl ist in diesem Sinne als gutes Beispiel zu sehen. Auch der Entwicklung neuer Automobilkonzepte zur Ressourcenschonung, wie z.B. einem Stadtauto, einem Langzeitauto entweder nur aus Stahl oder Aluminium oder einem Leichtbaufahrzeug (Bsp: Space-Frame-Bauweise), kann über eine ganzheitliche Systembilanzierung eventuell der Weg geebnet werden. Eines haben alle Konzepte und Strategien gemeinsam: Eine Innovation führt immer über eine neue oder verbesserte

Werkstoffanwendung, sei es als Primär- oder Sekundärprodukt. Materialwissenschaftliche Aspekte des Recycling sind somit immer in einem globalen Zusammenhang zu betrachten. Wer um die Komplexität technischer, ökonomischer und ökologischer Pflichtenhefte weiß, kann verantwortungsbewußte Technikkonzepte entwickeln helfen. Die Zukunft der Werkstoffe wird nicht in exotischen Werkstoffverbunden liegen, die speziellen Anwendungen vorbehalten sind. Vielmehr sind Werkstoffkonzepte gefragt, die zu einem geschlossenen Produktlebenszyklus beitragen können.

Literatur

/1/ H. Jones, Das Prinzip Verantwortung, St 1085, Suhrkamp Verlag 1984

/2/ W. Schenkel, Recyclinggerechtes Produzieren - welche Bedingungen werden diese Entwicklung fördern?, VDI-Berichte 906, VDI-Verlag Düsseldorf 1991, S. 1-23

/3/ M. Pötzschke, Gebrauchsgüter als komplexe Rohstoffquelle - werterhaltende Stoffkreisläufe der Metalle aus der Sicht der Rohstoffwirtschaft, VDI-Berichte 906, VDI-Verlag, Düsseldorf 1991, S. 43-75

/4/ R. Schröder, A. Stolzenberg, Verschmutzte Kunststoffabfälle aus Hausmüll, in: Recycling von Kunststoffen, G. Menges, W. Michaeli, M. Bittner (Hrsg.), Carl Hanser Verlag München, Wien 1992, S. 393-402

/5/ G. Menges, Unkonventionelle Recyclingmethoden für Kunststoffabfälle - Energie und Rohstoffe aus Kunststoffmüll, Technische Rundschau 83 15 (1991) 22-33

/6/ G. Ranser, Verfahren zur hydrierenden Verflüssigung von Kunststoffabfällen, in: s. Ref. /4/, S. 253-364

/7/ P. Eyerer et al., Produkte, Werkstoffe, Umwelt - ganzheitliche Bilanzierung von Bauteilen, Ingenieur-Werkstoffe 3 (1991) Nr. 7/8, 52-57

/8/ M. Peter, Bewertung mit vielen Fragezeichen, VDI-Nachrichten Nr. 33, 14.08.1992

Sachverzeichnis

Springer-Verlag und Umwelt

Als internationaler wissenschaftlicher Verlag sind wir uns unserer besonderen Verpflichtung der Umwelt gegenüber bewußt und beziehen umweltorientierte Grundsätze in Unternehmensentscheidungen mit ein.

Von unseren Geschäftspartnern (Druckereien, Papierfabriken, Verpackungsherstellern usw.) verlangen wir, daß sie sowohl beim Herstellungsprozeß selbst als auch beim Einsatz der zur Verwendung kommenden Materialien ökologische Gesichtspunkte berücksichtigen.

Das für dieses Buch verwendete Papier ist aus chlorfrei bzw. chlorarm hergestelltem Zellstoff gefertigt und im ph-Wert neutral.